自 然 文 库

N a t u r e

S e r i e s

The Great Animal Orchestra

Finding the Origins of Music in the World's Wild Places

了不起的动物乐团

〔美〕伯尼·克劳斯 著

卢超 译

2019年·北京

Bernie Krause

THE GREAT ANIMAL ORCHESTRA:

FINDING THE ORIGINS OF MUSIC IN

THE WORLD'S WILD PLACES

This edition published by arrangement with Little, Brown and Company,

New York, USA.

据 Little, Brown and Company 出版社 2012 年英文版译出

十四行诗（八）

莎士比亚

你的声音如音乐，你听音乐何以要凄怆？

甜的与甜的不相冲突，快乐的喜欢快乐的事物

不能愉快接受的东西，你何以还要受赏？

难道你是高高兴兴的接受这般悲苦？

如果真正和谐的音调

配合无间，使你听着不舒服，

那便是它在曼声的谴责你，你破坏了

生命的和谐而宁愿孤独。

听，一根弦像是另一根的亲爱夫妻，

彼此交响起来，是多么的琴瑟调和；

像是父，子，和快乐母亲的关系。

齐声唱出一支悦耳的歌：

　　这无词的歌，像是一声出自众口，

　　对你歌唱：“你独身则将一无所有。”

（梁实秋译）

目 录

序

昔日回响

16000年前的平原上处处住着生物，有大犰狳、剑齿虎、巨水獭、乳齿象、骆驼、驯鹿、恐狼和后腿站直了高达4米的地懒。各种野生生物无处不在。那时人类还没有在北美洲露面，但是鸟类已经成群——有花嘴鸊鷉、鹳、加拿大黑雁、鸭、凫、短嘴鸭、火鸡、北美鹑、长嘴半蹼鹬——空中皆是翱翔的鸟群和鸟儿的叫声。而树蛙、春雨蛙、昆虫、爬行动物用它们那错综复杂、丰富多彩的声音充满了整个声场。

在最后一次冰期时，巨大的威斯康星冰川的前缘慢慢缩小到了北极圈。随着地球变暖，植被世界随之兴旺。松树、橡树、云杉、落叶松、山杨树、香脂树、白杨树和一些低洼的灌木和草丛都往北推进。北方针叶林开始在西半球生根发芽——它们在寒温带高耸云天、枝繁叶茂。这些植被的声音共同创作出一曲激情澎湃的交响乐。

在幼龄林的中心，簇簇白云点缀的蔚蓝天空下，小溪流的周围皆郁郁葱葱。处处充满着夏日微风的温煦。这个栖息地里密密麻麻地住满了生物。事实上，这一时期的动物种类和数量是地球过往历史上最多的。在这草木葱翠之地，成千上万种的生物日日夜夜、时时刻刻放声合唱。此景看上去印象深刻，听起来美妙绝伦。

这里传递着一个复杂的声音故事，里面满载重要的信息。黎明和黄昏时刻，音量达到最高处——现代音乐爱好者很熟悉的强－弱－强的节奏。

动物的叫声各不相同：哦哦哦、咩咩咩、咆哮、唧唧唧、啼啭、咕咕咕、吱吱吱、咯咯咯、嗡嗡嗡、嗒嗒嗒、呜咽声、嚎叫、尖叫、啾啾啾、叹息声、口哨声、喵喵喵、哇哇哇、汩汩汩、气喘吁吁、犬吠声、咕噜咕噜、嘎嘎嘎、惊叫声、嘶嘶嘶、抓擦声、打嗝声、叽叽嘎嘎、歌声、跺脚声、跨越声、扇动翅膀声等——任何一种都能清晰地区别于其他声音，这样动物就可以区分彼此的声音。比动物合唱声更大的是狂风的呼啸声、轰隆隆的雷声和火山的爆发声。流水声——来自附近的小溪——是周围环境恒定的非生物声音标记。

4

然后大地出乎意料地移动，低沉、不祥的隆隆声震得大树顶端的树叶沙沙响，犹如成百上千块响板。昆虫和青蛙骤然无声。鸟儿高声叫喊，打破了原先井然有序的合唱体系，四处逃散，高空中充斥着仿佛断奏似的、匆促扑棱翅膀的声音和惊慌的尖叫声。动物身上的每一个纤维都感受到了一股陌生的恐惧。空中猛然出现的捕食者更是加剧了此刻的紧张。

每一种生物都被更多声波能量包围——无处不在的巨大震动——地上、四周和地下。而捕食者们利用这一时刻趁机捕猎那些动作不是很敏捷、被地球运动惊吓到的生物。那些占主导地位的机会主义者——狮子、熊、猛禽龙、翼龙（展开双翅身体长达 5 米）（teratorn）——在高飞或者飞奔在草地上追赶那些被吓坏了的猎物时，会发出强有力的振翅扑棱声和如雷般的脚步声。随后传来被捕捉猎物的哀鸣声，这一惊险时刻结束。

地球水域——海洋、湖泊、河流以及海边红树林沼泽——物种丰富，有鱼、两栖动物、爬行动物、软体动物、哺乳动物和甲壳动物；除此之外，还有那些给微生物提供营养和保护的海葵、碳酸钙质生物。基于海洋生物的生态系统是每一个海岸的标记；如陆地栖息地一样，这些海域也是音乐不断。

成千上万种生物在圣劳伦斯海湾安家，那里是圣劳伦斯河和大西洋的交汇地。大西洋鳕鱼有十六七厘米长，九十多千克。一些蓝鳍金枪鱼比鳕鱼还要长，有的长 4 米，重 680 多千克。小一点的有鲱鱼、黑线鳕、毛鳞鱼、三文鱼、比目鱼、鲭鱼、鲥鱼、海龟和胡瓜鱼。河流上游常见的是鲈鱼、鲟鱼，重达 450 多千克，还有鳟鱼。深海鱼为海豹、海豚和大型齿鲸提供了食物，而它们的对手鲸以磷虾、桡足类和磷虾类浮游甲壳动物为食。

5

在广阔的海洋环境里，丰富的声音都是完整的。有些鱼通过鱼鳔发声，而另一些则是通过磨牙。但是通过尾鳍的摆动，每一种鱼都能发出独特的压力波——一种能被海洋其他生物尤其是捕食者辨认的特色声音。因为水会阻碍视线，所以和在陆地上一样，声音对于这些动物的生存和繁殖至关重要。小到单细胞动物、桡足类和浮游生物，大到鲸鱼，每一种生物都会创造出一种声音标志。世界水域里充满着生物的吱吱声、叹息声、嗡嗡声、滑奏声、叫喊声、呻吟声、呼噜声和哒哒声。

赤道附近珊瑚礁比比皆是，组成了一个重要的生物群体。它们也随着声响规律运动。海葵、小热带鱼、三斑圆雀鲷、小丑鱼、莺哥利鱼、厚唇鱼、河豚、天竺鲷、引金雨、乌尾冬、绯鲵鲣、蝴蝶鱼、眼斑拟石首鱼、刺尾鱼科的各种鱼、幼雄鲑鱼、鲨鱼、鼓虾和多须石首鱼——每一种鱼都会发出与众不同的声音；不同的声音合在一起，在水面波浪形成的微妙声音背景环境下组成了一支合唱队。广阔的海洋里，座头鲸、蓝鲸和露脊鲸的声音非常大，以至于在畅通无阻的陆地上，天气和海洋环境达到最佳时刻的时候，它们的声音可以在不到七个小时的时间内环绕地球一周。比哺乳动物、鱼和甲壳动物共同发出的声音更大的只有飓风、台风或者海啸的怒吼了。

海洋环境里充足的食物链保证了大量海鸟的生存和在这个过程中随之而来的喧闹。海雀，由于长期离开天空不会飞行，很擅长游泳，因为附近海洋食物丰富，它们根本无须舍近求远，飞到远方觅食。剪嘴鸥发出沙哑的欧欧欧声，和角嘴海雀、海鸥、燕鸥、塘鹅、海燕、贼鸥、三趾鸥、海鸦、鸬鹚等鸟类的独特声音结合起来，形成了一种嘈杂的混合声音，使得每个种类各自的声音都难以分辨。但是这是一种令人好奇的欺骗：这是生存、繁殖和交流的声音。每一个种类都参与其中，所以每一种生物又都能清晰地将自己的声音和其他动物的区别开来，因此它比雷声般的海浪声还更有特点。

在红树林的沼泽地——除了南极洲之外，其他所有洲的亚热带和热带海边水域的盐水林地里——昆虫、哺乳动物、鸟类和甲壳动物的奇怪组合有规律地振动着。退潮时，中美洲的螃蟹会松开紧紧抓住的树干和树枝，像一块又大、又平、又圆的石头掉到暴露在外的泥泞沉淀物上发出的扑通声音一样，螃蟹坠落在地上时也发出那种很有特色的扑通声。涨潮时，螃蟹会再次回到树干和树枝上。夜幕降临时，青蛙们的合唱声会越来越强，蝙蝠会发出回声定位信号以便在黑暗中捕捉可食的昆虫。寄生甲壳动物紧紧地附着在暴露在外的岩石和红树林根上，在它们壳里嘈杂地扭作一团，发出啪啪的急促却响亮的爆裂声，这种爆裂声在水线上和水线下的栖息地引起共鸣。即使在夜里，黑暗笼罩着生物，很多种声音依然此起彼伏，争相获得辨析度。

即使在北极圈气候变暖的时候，它的北部地区仍然有大量的冰川。距离现今16000年前，那里仍是严寒和荒凉之地，气温也比现在低5到10度。慢慢消失的冰川层，从恢复的土壤中带来孢子和种子。一旦冰碛足够肥沃可以在未来北极圈繁殖大量北方针叶林，冰川表面上就不会有很多发声生物了。但是即使这样环境也并不安静：当裂隙——又深又细长的裂缝——在大块的冰川层上出现时，会有爆裂声。因巨大的挤压力冰川会碎裂，在一段时间内会融化和冻结。除了让人震惊的冰裂隙、持续的狂风和频发的暴风雪侵蚀冰川，冰川崩裂会导致冰山漂浮在河岸、峡湾和海岸，伴随着一种不稳定的、雷鸣般的爆裂声，坠落的积雪在水下形成巨大的波浪。然后冰川移动发出声响：与陆地持续摩擦引起一种轻微的、危险的振荡，与其说听到声响，不如说感受到一种缓慢蠕动的感觉。

8

大约在距离南极一半的地方，远离消退中的冰川边缘，赤道两侧的热带雨林是地球上生物最密集的地区。在这里，面对逐渐变暖的地球，植被和动物也在做出相应调整和适应。一些物种正在被更适合新气候的其他物种所取代——但是此地动植物大量繁殖，其程度大到让人很难想象此处还有空间多生长任何一种生物。热带雨林覆盖了几乎 15% 的地球表面，养育了 1500 万到 2000 万种植物和动物。那里的声音五彩缤纷。

哺乳动物、爬行动物和两栖动物——从美洲虎、眼镜熊到鳄鱼甚至是有些青蛙——声音在较低音区，而有些品种的青蛙和一些鸟类的声音则在低中音区。还有另外的一些动物——昆虫、常见的青蛙、鸟和哺乳动物——声音则是在高中音和高音区。有非常多的生物发出巨大的声音以吸引其他动物的注意力。任何一种动物都能够听到同类的声音，这听上去已经很神奇，更别说还可以辨认出另一个物种——不管是朋友还是敌人——的声音。

地球本身有大量强有力的共鸣，它们既完整又开阔。种类繁多的动物和植物使每一处都变成了巨大的音乐会大厅。每一物种的声音恰到好处地穿插到某个自然乐谱的特定之处，形成一个独特的管弦乐团，演奏着无与伦比的交响乐。这是一部浑然天成的自然杰作。

9

和动物一样，人类也在制造自己的声音。目前，人类的声音正在蔓延，传播到整个星球。人类所到之处留下了摸得着、看得见、听得到的符号——比如具体的象形文字、岩画、骨乐器、狩猎和剥皮工具、储藏剩余粮食的储物库。他们已经成功地从早期的种子种植中收割庄稼，但是本质上他们还是猎人。树林会向他们低语，诱引他们走进森林，引导他们找到猎物。人类发展的这个阶段，声音丰富的栖息地对人类来说是最重要的声学影响。动物声音——从微生物到大型动物——和那些非生物环境的声音支配人类产生的微弱噪音。人类只有有限的语言技能表达他们的感受，他们不得不借用周围听到的声音表达感情。或许，从肢体表达到语言表达，现代人类或许会说服其他生物：人类和动物来自同一个响音家族。

这就是了不起的动物乐团的调音，是一种自然原始声音和谐的启示，是地球自然声音和节奏紧密联系的表达。这是我们现存的自然中能听到的基线。我们今天所享受的每一种音乐和我们所说的话，某种程度上，可能都来自动物乐团的声音。毕竟，这个星球上并没有过其他声音灵感。

10

第一章　我的声音导师

某晚在亚马孙丛林深处录音录到深夜，就只有我和同事鲁斯·哈佩尔留在离营地几公里之外的树林里。除了手电筒的暗淡光束以外，四周漆黑一片。因为希望能在不同地点录制夜晚环境，所以我俩顺着林中小路摸索前行。四周发出的丰富的声音历历在耳。一路上，我俩还收集到了在附近出没的一只美洲豹那鲜明的特色气味。其实我们并没有看见美洲豹或者听到美洲豹的声音，但是我俩知道它离我们很近，可能我们之间就一米左右的距离。它一路跟着我们，时不时飘来那标志性的气味。

这种麝香猫的气味始终都在。我们的感觉得到了强化，但是我俩谁都没有感到害怕或者感到任何突发危险。我俩静静地坐在相隔50米的两处，成功录制了夜晚雨林的声音纹理——它是多种声音的精美混合：树叶上的雨滴、昆虫、鸟类、青蛙和哺乳动物，它们表演着整齐划一的合唱，就如它们日日夜夜的表演一样。

11

大约一个小时以后，我俩收拾装好各自的装置，继续朝树林更深处摸索。依靠聆听，我们期待探索含有更多声音组合的录音地点。接下来大概午夜时分，为了能在这奇妙且声音丰富的环境中收集到我们期盼的更多种类的夜晚声音，我们决定分道而行，鲁斯朝着一个方向，而我则背道前行。

艰苦跋涉了15分钟之后，我在一条小路旁边坐了下来，开始录制由青蛙、昆虫和爬行动物组成的热带雨林版热情洋溢的合唱。恰恰在此时，我从收音器里听到了美洲豹的低吟。这只美洲豹肯定是特别垂青于我，一路跟着我来到这里。我把收音器耳机的音量调大，希望能录到那弱小的声音组合以及树林里的一切细节。对于这意外之客，我丝毫没有防备也没有意识到它已经离我如此之近。我在沿小路不到10米的地方放置了麦克风，而美洲豹的低吟声突然出现在我的收音器里，说明了它离我沿小路架好的麦克风之间不会超过一臂的距离。

我立刻警觉起来，肾上腺素突然激增，顿时感到手足无措。我能感到我胸膛的痉挛，绞尽脑汁设计逃跑的策略——其实根本没有任何办法——我只能尽力让自己冷静下来。当时我清晰地听到“怦怦怦”的心跳声。我甚至有点担心这个声音会惊吓到它。但是我也只能待在那里纹丝不动，在黑暗里努力屏住呼吸。

虽然这个小插曲前前后后持续了不到一分钟，但是感觉像几个小时。这只美洲豹声音的力量，它的呼吸，甚至胃里发出的咕噜咕噜声都让我着迷。突然，它就悄悄地离开了，回到了树林深处，留下来的只有身后青蛙发出的有节奏的叫声、昆虫们嗡嗡的合唱，还有我那“怦怦怦”的心跳声。

这个愉快的小插曲使我对自然声着迷。我的第一份工作是录音棚里的吉他手，在纽约和波士顿的各种音乐会上表演。在20世纪60年代，音乐家们开始体验电子音乐合成器，我到加州去旁听在米尔斯学院开办的电子音乐课程。在那里我遇到了洛杉矶录音室音乐家兼管乐器组织者保罗·比佛，他因为为故事片《黑湖居怪》《世界大战》创造怪异音效而名声大振。

保罗的特殊职业就是用奇妙的发声工具——早期和电子合成器类似的乐器比如马特诺音波琴*、哈蒙德新音琴**和能够发出怪诞的、飘忽不定的、类似于女高音一样声音的泰勒明电子乐器***——创造奇妙的音效。保罗自己首创了能够发出高音，且有科幻效果音乐的典型双倍频键盘合成器，保罗把它命名为“加那利音乐”。不久我俩开创了富有创造力的合作模式，成为搭档，组建“比佛和克劳斯”乐队。我们俩一起把电子合成器引入美国加利福尼亚州、英国的流行音乐界，以及大众电影业，共发行了五张专辑，为多部故事影片设计音乐，制作独特音效，比如《罗斯玛丽的婴儿》《现代启示录》《天外魔花》《迷幻演出》；还为电视剧创作原声配乐，比如《碟中谍》《迷恋时空》和《家有仙妻》。那个时候我俩常常一场接一场地忙着工作，有时候一个星期工作80个小时——以至于到目前为止我仍然能清晰记得的

* Ondes Martenot: 马特诺音波琴，是法国人莫里斯·马特诺于1928年发明的一种电子键盘乐器。——译者注

** Hammond Novachord: 哈蒙德新音琴，美国第一台复调合成器，1939年面市。——译者注

*** Theremin: 1920年，俄国工程师莱昂·泰勒明发明了世界上第一台电子乐器而且无须去用手弹。电子琴的内部装置是一些无线电管状线路，利用其共振效应产生人耳听不见的双频音，共同作用，产生可闻信号。——译者注

13

也只有和大门乐队合作录制的《怪日子》专辑。在开始创作的阶段，音乐还是紧张又充满活力的。但是在经历了一个个漫长的夜晚之后，录制的曲目变得支离破碎，几近分崩离析。我最终意识到这种恶劣的现象并不是疲惫造成的，我发誓再也不碰任何毒品了。那一年是 1967 年。

1968 年，保罗和我受华纳兄弟公司的委托制作一系列专辑。第一张专辑《野生保护区》是最早使用大篇幅的野生声音作为创作编曲元素的，同时也是首部以生态学为主题的音乐作品。但是既然是首次就意味着我们得自己去收集所有的声音。保罗意识到这份差事需要脱下他平日里哪怕是在洛杉矶闷热得快要窒息的日子都要穿上的行头——蓝色哔叽双排纽扣西服和尖头皮鞋——他断然拒绝了去野生现场录音的苦差事，把所有的野地录音工作扔给了我一人。

作家托马斯·哈代*曾经讲过一些偶然经历会改变我们一生的轨迹。比如和某人的不期而遇，漏读的或者是未读的一封信，日落时分的动人色彩又或者一场音乐会。也因为这句话，人们第一次的冒险经历也往往会被称为“哈代式”的偶然。于是我的“哈代式”历险开始了。带好小型可携带的录音器、几个麦克风出发了，在旧金山、旧金山周边、家里开始了录音工作。10 月，我去过的几个地方并没有太多的鸟叫——大部分幼鸟或飞翔、迁徙，或保持安静。

1968 年一个美丽的秋日，在色彩斑斓的穆尔森林公园，我打开

* Thomas Hardy: 托马斯 · 哈代（1840 年 6 月 2 日—1928 年 1 月 11 日），英国作家，著有长篇小说《德伯家的苔丝》《无名的裘德》。——译者注

录音器的那一刻，我的听力敏锐度就被四周的环境改变了。此刻夏雾早已不见踪影，秋日斑驳的阳光映照在海边原始森林红木的树冠层上。除了几架小型飞机的声音和远处偶尔传来的车辆声之外，寂静无声的树林里接连传来令人安心的低语——那是从森林上游刮来的微风低语。虽然一开始即便是在像穆尔森林公园这样受管制的区域，我一样很害怕独处——但是最终宁静战胜了恐惧，让我内心重拾起久违的平静。

14

犹如一双筒望远镜，我的麦克风和耳机帮我收集到了近距离和身边的声音，它们录下了一系列对我来说都是全新的生动细节。几只鸟儿飞过头顶——从右到左——缓慢的、抑扬顿挫的扑棱音——那是呼声和嘘声的精心搭配。多亏我的便携录音设备让我有机会作为一个近距离的观察者去聆听。其间，我被吸引到一个全新的空间——我的存在也成了整个体验本身不可分割的一部分。当你以开放的心态奔向自然、彻底拥抱自然时，恐惧持续不了不久，因为此时的你深知你刚刚经历了一些终生渴望的东西。

拿着我的录音器，我一个人坐在地上，尽力让自己处于不起眼的位置，我依然被每一种新的声音所震撼。我的立体耳机放大了很多微妙的声音纹理。我转动着调控器的大小，以免错过任何可录制的声音。这种冲击是直接且有力的。光线和空间的印象是诱人而有光泽的。四周的环境被转换成微小的细节，这些只用人耳是永远无法听到的细节——我的呼吸声，换成更舒服姿势时脚轻微移动的声音，鼻子抽动声，一只鸟降落在附近地面、扇动着周围的树叶又受到惊吓飞走时扇动空气的声音。

即便在录音现场我已经意识到野生声音可能囊括了大量的等待人类去探索的宝贵信息，但是在那时那刻我还尚且不能理解自然世界富含的如此多的奇妙声响。又会有谁会知道呢？我们当中的很多人甚至都不关心也不区别“聆听”和“听见”的异同。被动地听是一回事，有能力去聆听、积极全面地参与终究是另外一回事了。

15

我的耳朵会无动于衷地听见声音，但是耳朵本身并没有能力去区分野性自然世界的奇妙。我以前总是习惯用耳朵来筛选声音——比如让耳朵把噪音屏蔽出去，而不是让耳朵变成允许大量信息进来的入口。一个优良的麦克风系统能让我区分听什么和为什么而听。通过收音器耳机，我能够听到明确的、详细的听觉结构，以至于到现在我还在为我之前所错过的而遗憾。一对立体麦克风改变了声音空间——当我通过麦克风慢慢地把我直接用耳朵听见的声响放大，我体会到了什么是“出世”。天文学家们观测到哈勃望远镜拍摄捕捉到的宇宙极处超新星爆炸的影像，可能也会有类似的感觉。

美国大萧条时期的摄影记者多萝西娅·格过去常常说，照相机是一个工具，一个让人们在没有照相机的时候学会看见世界的工具。那么，一台录音器可以说是人们在没有录音器的时候学会倾听的工具。我第一次听到《春日黎明》的合唱时，当终于可以用收录耳机放大后的恰如其分的音轨生动描述视觉背景时，我瞬间意识到，我那无法聚焦的耳朵已经让我错过了真实世界里众多精美的声音。被放大了的声音帮我找到一种方法解码野生世界的“语言”，这是在音乐上训练有素、懂得聆听“文化”的我所不能掌握的“语言”。当我坐在那里录音时，我常常有一种想突然去加盟演出的冲动。当天我离开树林时，一种缺失感慢慢将我吞噬。那是一条说不清道不明、闻所未闻的重要秘密信息，一种有幸发现了新路径的参与感，这种发现是一种神圣启示。

我和保罗一直努力设计第五张专辑，它是独特唱片公司（Nonsuch Records）之前大卖的一张唱片的新版，不幸的是1975年1月洛杉矶音乐会现场，保罗在舞台上晕倒了。第二天他因为脑血管瘤去世。失去人生的挚友和音乐上的灵魂搭档，我伤心欲绝。但是我仍坚持和几位音乐家包括安迪·纳瑞尔和录音室的朋友最终完成了专辑《神秘城堡》。我开始重新思考我的职业生涯选择。在我看来录音行业里最后一个真正高产出的时代已经结束。我也厌烦了好莱坞狂妄、怪诞、自大的种种毛病。当我独自一人为电影《现代启示录》录制音乐时，我曾经多次被开除，重新被雇用——我痛下决心做出改变。于是40岁时，我离开了那个我熟悉的、从我研究生时期就从事的音乐行业。

16

你或许会认为我为了自然声离开了我熟悉的音乐世界，但是事实正与此相反，正是在自然世界里我真正地找到了音乐。

没有水，我们的生命就不可能存在。发出最古老的声音，捕捉和复制声音是极其困难的。自从第一首音乐、第一句话出现时，汩汩声、嘶嘶声、轻轻的敲打声、吼叫声和东西掉落的砰砰声，多重节奏的周期性循环为人类主题提供了背景音。

对于一个作曲家来说，要学完音乐史的全部课程才能创造出一首关于海的管弦乐曲——德彪西创作并于1905年首演了管弦乐曲《大海》。但是为了他的曲目能够表演成功，管弦乐曲《大海》需要多次彩排和语言上的辅助保证高质视觉。这其实是一个有趣的练习：为一部分从没听过此曲也不知道这曲目名字的人表演一小段，然后问听者这段音乐试图表达什么。20 世纪 90 年代后期，我参加过一次类似的测试，给 7 年级的一个班学生放了《大海》第二乐章，长达 6 分钟的《海浪嬉戏》（“Jeux de vagues”），学生们听后给出的答案从“太空旅游”“关于乡村的电影音乐”“关于恐龙家族的一个场景”“西方电影”到“很是无聊”。没有一个学生猜到播放的这个片段实际上表达了创作者对于海或水的印象。

17

乍一看录水声似乎是一项很简单的任务：在岸边搭起麦克风，按下录制键即可。但是不论我怎么努力，最初几次的尝试都不是很成功。人类很受视觉导向的影响，大部分视力正常的人倾向于听所看到的。当我们眼睛集中盯着远海拍打岸边泛起的白浪时，除了提醒我们其间的距离和不可思议的海浪起落之外，我们的眼睛和大脑常常过滤掉其他东西。看着浪花追逐沙滩在脚下变成碎浪，我听到了微小气泡噼噼啪啪的破裂声，远处的白色浪花消失在背景中。

但是，麦克风没有眼睛或者大脑，它们会不加区分地收集自己录制范围内的一切声音。所以如果我想录制海浪的声音，就需要录制不同距离内各种各样的范本：距离水边几百米的距离、从高高的沙丘草到水边的中间距离和紧贴水边的位置。音响剪辑软件把我收集到的不同层次的各个样本粘贴起来，这样我便能成功捕捉海浪那神奇的声音了。但是在最细粒状下，我到底录制的是什么呢？声音又是什么？

18

声音是一种很难描述其物理性质的介质——频率、振幅、音色和长短。但是它在社会表达自我中起着重要的作用。它是自然世界的集体声音，是音乐和各种各样的声学噪音的基础。

声音的最基本元素是语言所不能表达的。对我们大部分人而言，声音一直让人难以捉摸。曾经有人要求作曲家、环境保护者、哲学家穆里·谢弗尔描述一下声音，他回应道："我怎么会知道呢？我从来没有看见过任何一种声音。"谢弗尔说出了这个问题的实质：你听过多少次这样的表述"我明白你想说的"*？我们的语言受视觉导向影响，导演们常常用视觉词汇表达他们想要的音乐：黑暗、明亮、棕色和阴暗色调。

虽然人类能接收声音，但声音不能被看见、摸到、闻到。声音的这个特质被美国电影艺术学院金像奖声音设计者沃尔特·默奇解读为"阴影感"——存在于虚无缥缈的王国里。作为电影音效设计师，默奇和他的同事将声音的阴影与画面中更为具体的视觉现实地联系起来——无论是作为对话、效果，还是音乐——再加入情景，从而使两者融合。

就在最近，我们已经尝试去解构声音的神秘。由于定义声音极其不易，新的发现也就不会很快出现。大约公元前 500 年，毕达哥拉斯第一次描述了振动弦的谐波结构。他的描述为后世的声学原理奠定了基础。亚里士多德证明了空气作为声音的导体是必不可少的。在过去的 2000 年里，包括希腊和罗马的露天圆形竞技场设计者在内的科学家、伽利略和牛顿都在试图展现声音的不同方面。但是直到赫尔

* 原文 I *see* what you're saying，see 也可译作看见，这里有双关之意。——译者注

19 曼·亥姆霍兹[*]的《关于作为音乐理论生理基础的音调感觉》[**]在19世纪中期首次出版，声音才以这种重要的方式总结成书。从音乐到物理学，他将所学的每一个方面都进行了分类，并将其历史汇编成一卷。19世纪20年代，赫尔曼·亥姆霍兹出生在一个贫穷的家庭，孩童时期的他体弱多病，而他的家庭根本无法支付他高昂的科学和数学学费。于是，亥姆霍兹的父母就鼓励他学习医学，因为这样可以获得他渴望已久的进入教育学院的机会。在获得医学学位后，他作为外科医生为普鲁士军队工作了很短的时间。除了医学研究之外，他年轻时还涉猎了其他领域，包括物理学、化学、光学、电学、气象学和理论力学。他最重要的贡献就是在生理学领域，利用电流刺激青蛙腿，鉴定神经刺激后的精确测量。虽然青蛙腿没有和身体连在一起，但有一股小电流通过时，青蛙腿还是会动起来。亥姆霍兹能够计算刺激和运动之间需要的确切时间，以此计算出神经反应的准确频率。

亥姆霍兹后来虽然成为一名德高望重的老师——他的学生中有海因里希·赫兹，声音频率的计量单位就是以他的名字命名的——但是亥姆霍兹学生生涯的大部分时间其实都和医学无关，年轻时候的他热衷于探索音乐的神秘。

特别打动我的是他在声学方面的写作——尤其是关于著名的“亥

* 赫尔曼·亥姆霍兹是19世纪德国一位极其伟大的科学全才，他在生物学、生理学、声学、数学和电动力学等方面做出了重要的贡献。——译者注

** 赫尔曼·亥姆霍兹在1863年发表了权威性著作《关于作为音乐理论生理基础的音调感觉》，其中论述了他对音调的分析和认识。——译者注

20

姆霍兹共振器”[*]的描述。他认为就像棱镜分割了光谱一样，共振器能够在一个复杂的声学结构里面，分辨声音的不同频率。让人震惊的是在他出版的书后面附录了他从欧洲大城小镇收集到的管弦乐调音参考表。即使音叉[**]——18 世纪早期的双管金属乐器，当敲击时会发出稳定的纯音[***]——被广泛用作参考，亥姆霍兹还是发现了中间地带，又名“音乐会”，位于巴黎的 373.1 赫兹和萨克森[****]的 505 多赫兹之间的任何区域。想象一位女高音独唱者试图以 A500 赫兹的标准音的乐团伴奏下（相当于现在的升 F 调）唱出降 E 大调，这几乎不可能实现。今天很多的管弦乐团标准音调到 A440 赫兹。在 20 世纪 60 年代，当我第一次去好莱坞时，洛杉矶的爱乐管弦乐团以标准音为 A442 赫兹著名，而那时很多的欧洲管弦乐团仍然在使用 A438（darker-sounding）。

对不同音乐会音乐效果不同的解释之一就是用来制作弹拨、拉弦乐器——包括当时的大键琴——的框架和音板的木材硬度各不相同。硬度越大、密度越高的木材制作出来的琴弦能够承受的张力越大，因此有的乐器能够发出更高的调子和更“明亮”的声音。

我在野外待的时间越来越长，亥姆霍兹的著作给了我很多启发。

* 指的是空气在一个腔中的共振现象，例如在一个空瓶子的瓶口吹气引起的共振，在 19 世纪 50 年代由赫尔曼 · 亥姆霍兹设计并命名。亥姆霍兹共振器一开始的目的是分辨复杂声音环境下的不同频率，比如音乐的乐调。——译者注

** 音叉：用钢材制成的发声仪器，形状像叉子，下端有柄，用小木槌敲打，能发出一定频率的声音。常用来帮助测定音高。——译者注

*** 纯音：物理学上指只有一种振动频率的声音，如音叉发出的声音。——译者注

**** 萨克森：德国北部的一个州。——译者注

乐器是人造出来并与人相得益彰的。根据我在动物声音方面的工作经验，我开始怀疑为什么特定物种的声音无一例外地只能局限在特定的范围内——比如比另外一个调子更高或更低。作为一个指定栖息地复杂合唱的一部分，是不是动物设定一种或者多种音调作为一个基本基准？它们的不同音域是为何进化的？又是如何进化的？生理学和环境又在其间起了什么作用？

21

亥姆霍兹对于声音的历史性回顾以及对声学的贡献，使我们了解当压力波快速穿过气体、固体、液体时，声音得以传播；我们也知道了声音的很多属性包括频率*、音质、振幅和轨迹。虽然我三分之二的时间都在表演和创作音乐，但是直到我开始使用电子音乐合成器，我才开始意识到它的组成部分以及它们是如何联系在一起的。制造适合于一段乐曲的声音，我需要准确地知道声音的四个特征是如何相互作用的。如果声音——声音本身很抽象——是被创造出来去表达特定的意思，那么它则控制了这四个参数，并将结果放置在一个可识别的环境中。

具有完美接受力的人可以听到 20 赫兹到 20000 赫兹的声音。一架典型钢琴的最低音是 27.5 赫兹，最高音是 4186 赫兹。动物进化到了能收听不同范围的声音。收听范围最广的是鲸鱼。我们认为鲸鱼能听到从 10 赫兹（蓝鲸）到 200 千赫兹（盲恒河豚）——几乎比我们人类能听到的最高音调还要高 4 个八度音阶。其他动物收听声音的能力低，一般在人和鲸之间——大部分动物在人的收听范围之内。

* 有时候被称作“音调”，但这是更相对的说法。——译者注

虽然音调和频率紧密相连，但是两者不能混为一谈。音调主要用在构成一个音阶或者全音的对比框架里，所以当频率是声音的物理特性时——它测量一个声波每秒钟的周期数——音调才是我们真正听到的。比如半音音阶是由 12 个相等的半音或半音级构成的，当我们把音阶调高，我们会听到每一个音符在音高上以同样的数量上行——比如半音或半音级。但是音符和音符在频率上的变化并不一样——每一次半音的连续增加都需要频率比之前跳跃更大，比如说钢琴从 C 调到升 C 调（261.626 赫兹到 277.183 赫兹，大概 15.56 周波数的差别）比从升 C 调到 D 调在频率上的变化小（277.183 赫兹到 293.665 赫兹，大概 16.48 赫兹的差别）。升 C 调和 D 调之间的更广的传播是大脑听力皮层处理和感知传入我们耳朵的声音的结果。大脑会让我们产生错觉，认为在各个音符之间听到同样的半音音阶，然而频率的实际传播在音阶变高的时候会加快。

22

音色是由每种乐器或生物声发出的象征性的音调或声音。不仅音乐乐器有独特的声音特点，每一种现存的生物体和大多数人类制造的机器都有此特点。小提琴和小号之间的声音区别就与一只蝉和一只美洲知更鸟之间、一只猫和一条狗之间、一辆劳斯莱斯和一辆 F1 赛车之间的差异一样鲜明。

当保罗·比弗和我第一次开始用一台模拟电子合成器再现一些声音时，我们需要理解每一种乐器的声音是如何演奏出来的。最初，我们完全没想到这个过程会如此复杂，我们的主要问题是绞尽脑汁定义每种乐器的声音或者音色。在非电子的纯物质世界里，乐器是由金属、木材制作而成，或者是由两者混合起来制作而成。一些乐器包含

23 弦和/或者外壳，一些是通过吹、击、弹拨或者摩擦发出声音来，这些不同的乐器都有不同的形状，每一种乐器都能用不同的方法共振或者“发声”。

大部分乐器会演奏出非常复杂的音调。每一种乐器会产生一系列有助于我们感知其音色的泛音，这些泛音存在于乐器的每一个音符上，定义了每一种乐器独一无二的、萦绕于耳的声音。比如单簧管会产生一系列的泛音，其中一些泛音——泛音列是基音的整数倍的一系列频率——退出。小提琴会产生完全不同的泛音系列。当弓被向下拉，横跨在一根从琴首到琴尾的弦上——用音乐术语就是“下弓”——这样可以刺激它动起来，这根弦会奏出一系列泛音，且其中的每一个和声都会按从高到低的顺序发声，因此创造出小提琴的特殊音色。由于其独特的物理结构和发声所要的特殊技术，每一个产生声音的实体——不管是动物还是由非生物材料制造而成的乐器——都会产生明显的共振。

（声音）强度或振幅是由分贝来衡量的。1分贝，或者1dB是人类听力能分辨出的最小声音单位。如果你能听到一只离你3米远飞过的蚊子声音，那么你就拥有一对人类所能听到的最小声音的耳朵——大概5dBA。（分贝（dB）后面的A指的是测量校准到“正常的”人类耳朵在全频率范围内处理声音的方式。）当声音达到大概115dBA——很多人的听力都会损伤——相当于气钻的强度——如果如此强音连续不断，耳蜗里的毛细胞会逐渐死去，最终导致耳聋或失聪。现实中有24 些人的确经历了不同程度的痛苦和伤害。对我来说高于90dBA强度的声音，虽然不会对我产生实质意义的伤害，但是也会让我感觉非常不舒服，我碰巧就是那种对声音尤其是高强音特别敏感的人。

有些动物比如齿鲸如果在空中发出声音，那么它的声音强度就如同大口径枪在离你几厘米的耳朵边开枪产生的声音强度。但是从体积上看，让人不可思议的是动物世界里发出最高强音的生物体竟然是只有 3.8 厘米的鼓虾。自从大部分海洋的海岸线、暗礁和入海口处出现甲壳动物时，很多浮潜和深潜的潜水员对这些海洋生物发出的声音就已经很熟悉了。鼓虾的静态声音能渗透到水下的所有区域，它们的大螯能发出一种信号，在水下能够达到或者超过 200dB——等同于空气中的 165dB。每 6dB 的变化就意味着声音强度的加倍或者减半。我们可以对比小鼓虾和交响乐团的声音，一般乐团产生的最高音大概是 110dBA。一只低等、原始的鼓虾也不甘示弱于"感恩而死"乐队*，这是一支摇滚乐队，他们演唱会的声音强度超过 130dB。请注意：鼓虾的声音强度高出乐队 5 个指数！这还是在没有各种舞台扬声器的情况下的比较。

我曾经测试过的人类能发出的最大声来自一位女生的尖叫，3 米之外测到 117dBA——比寻常规模但声音刺耳的摇滚演唱会的声音高一点点。除了喀拉喀托**火山爆发的声音或者惊雷的炸响，空气中产生的其他自然声音很少会对人类的听力造成损伤。

声音的另一大属性，声音包络，指的是从它第一次起音到消失的

* 是一支美国摇滚乐队，于 1965 年在加州帕罗奥图组建。乐队的风格独特而折中，融合了摇滚、民谣、蓝草音乐、布鲁斯、雷鬼、乡村、即兴爵士、迷幻和太空摇滚等音乐元素，以大段现场即兴演奏著称。——译者注

** 印度尼西亚一火山岛。——译者注

25 一段时间内确定声音的形状和纹理。不管你住哪里或者听到什么——无论它是一个完整的野生栖息地如热带雨林，还是一只鸟；不管是钢琴或吉他弹出的一个音符，还是整个乐团演奏的和弦——每一个声音或一系列声音都有一个起点和终点，在这两点之间，声音可能会更柔和或更响亮。整个发声期间包括音质的整体变化就是声音包络。

撞击声——比如枪声或鼓棒击打边鼓——声音提升速度很快，可以在微秒之内从无声到很响；它们的声音也可以急剧下降，一切取决于声音产生的环境是否有回响。其他声音的开始——小提琴演奏的或热带雨林的蝉发出的渐强音——特点就是最弱点到最强点的缓慢爬升；这些类型的声音可能会持续一段时间，然后随着时间的推移变得越来越安静，直至悄无声息。此外，包络能够定义乐器音色的形状，比如用一把音色很光滑细腻的民谣吉他演奏一个沙哑的模糊音，或者用小号随意吹出一个尖叫、一声低吼。

声音元素是声音符号的组成部分——不管是动物、人类、乐器或机器——它们只在一个既定位置成为一个集体声音的一部分。20 世纪末“音景”第一次出现在我们的语言里，它指的是在某一特定时刻我们耳朵能听到的所有声音。“音景”这个说法应当归功于穆里·谢26 弗尔，是他将不同栖息地的声音纳入研究范围。谢弗尔一直在试图把声音体验融入到新的、隐性的情境之中。同时，他的目标就是要提高我们的意识：不论我们住在哪里都要更多地关注环境的声音构造。

通过特殊的声音混合，谢弗尔和他的同事在温哥华的西蒙弗雷泽大学展示了不管是城市、乡村还是自然世界，每一个音景都独一无二地代表了某个特定地点和时间。谢弗尔和他的朋友在 20 世纪 70 年代温哥华斯坦利公园录制过声音。斯坦利公园的地质和建筑特色创造了周日清晨独特的音景，其中混合了公园动物声音和最小车流量的交通声音——这和工作日上下午高峰时段在同一地点录制下来的音景大相径庭。候鸟、两栖动物、昆虫、路上和空中交通的声音——所有景观和植被的被动声学特征都被增强了，产生的声音特征与其他在类似时间和条件的地点产生的声音大为不同。

自然音景是整个生态系统的声音。大小体积各不相同的每一个活生物体在地球上每个角落都会有它的独特声音特征。由于组合因素不同，音景具备了它们的个性：比如位于丘陵栖息地的声音更具有包容性；但是平坦、开放、干燥的地方的声音扩散得更快，就像是迷失了方向。每个地区的声音特点也因季节而异，这主要取决于植被的密度和种类（比如落叶类树木的宽大叶子与针叶树那针一样形状的树叶发出的声音不同），一个地区基本的地理特征（比如多岩石、丘陵地、高山区和平原）同样会影响地区的音景。声音会从湿漉漉的或者被某些蝙蝠用来当作授粉诱饵的形状独特的叶子上反射回来；森林树木的树皮、雨水或者晨露打湿的地面会在栖息地里引起回响。干燥时，树林常常寂静无声，声音的传播没那么远，持续时间也没那么长。

27

20 世纪 90 年代中期，津巴布韦那场可怕的社会和政治动乱发生之前，我在那里录制了一段美妙的原始森林的清晨音景。当时那里还是一个很长时间以来一直都保存完整的地方。我们的导游德里克·所罗门是一位知识渊博的景观生态学家和博物学家，按照他的说法，那片森林大部分地区和它的声音在过去的数万年间很可能都没有什么大的变动。几百万年前，早期的人类祖先第一次出现在这里的时候，这种干燥、主要由落叶阔叶树构成的森林会是个什么样子？那段经历给了我一个粗略的概念框架。

一场由与世隔绝的小猫头鹰组成的紧凑合奏加入了黎明合唱团，听上去像极了加州的懒散海鸥。一只角鸮发出了低低缓缓的短促汩汩声。纳塔尔鹧鸪那又快又没完没了的接吻吱吱声提高了旋律感。带雀斑的夜鹰连续重复三五次发出快速高、低、中频的口哨声。地面犀鸟用很高的调子重复着啁啾。大胡子知更鸟的旋律是三个音符的乐句，紧接着一声高啁啾。嗒嗒作响的扇尾鹰重复着长长的、高－中范围内的旋律。一只点颏蓬背鹟唱歌缓慢，吐音准半音下行。此外，大约还有三十种其他鸟类、狒狒和几十种昆虫。那一瞬间富含对位* 与赋格** 元素，让人联想到约翰·塞巴斯蒂安·巴赫在他的《A 小调前奏曲与赋格》中采用的错综复杂的作曲技巧。

28

但是，这可不是普通的黎明合唱团。在哥纳瑞州我们的野营地附近，我注意到和热带雨林地区不同的是，虽然这里很暖和，但是我并没有流多少汗。周围所有的事物听上去都是难以置信的“干燥”，其湿度之低让我感觉好像在一个隔音录音棚里，四周竟没有一点回响——每一个声音都迅速被四周吸收。鸟儿和昆虫好几个星期里在没一点雨水的栖息地里叫唤着，这个环境没有任何的反射面，所以没有任何的回音。但是，一直在台上的大狒狒可不愿它们的时刻被剥夺：

* Counterpoint: 对位，指的是在音乐创作中使两条或者更多条相互独立的旋律同时发声并且彼此融洽的技术。——译者注

** Fugal: 赋格，指的是复音音乐的一种固定的创作形式，而不是一种曲式。赋格的主要特点是项目模仿的声部在不同的音高和时间相继进入，按照对位法组织在一起。——译者注

它们发现了附近的一个小山丘——不知从哪里来的露出地面的花岗岩，高出森林或者平原地面90多米——利用这种结构的部分凹面来传递它们尖锐的声音，并使之回荡在整个森林里。声音的减退过程会持续六到七秒，然后归于沉寂。这是一个独特的且只有这个地方才能收集的声音。音景里，它们创造出了一种恢恑憰怪、让人恐惧不安的失衡：很多鸟和昆虫发出的干燥、无回响的声音与几个大狒狒发出的久久回荡在那里的声音相互折抵。

某地貌的声学特性对发声生物在栖息地最终的繁衍方式起着重要的作用。一些昆虫、鸟和哺乳动物喜欢在栖息地干燥的时候比如上午十点左右出声。当森林蒸发了地面潮气后，音景会被干燥的声学属性重新定义。另外一些动物充分利用池塘或者湖水静止的时刻；此时声音传播得更快，生物声音在一个魔幻的、梦境一样效果下在每一处重复回响。当天气变换，风声渐起，回响声慢慢消逝，一个安静的、蔓延开的、呼吸一样平静的氛围笼罩了整个地貌：这就是春夏清晨和深夜时分的真实音景。

作为一个经验丰富的聆听人，我尤其喜欢夜间发声生物的声音。那时雨露纷纷落在了地面、树叶和树枝上；夜晚有益于夜间陆地生物声音远距离传播的需要，并给夜晚时刻赋予了整个环境回音剧院的感觉。丛林狼和普通狼群很可能选择夜晚时间出声，因为它们的声音能够产生共鸣，且传播得更远。

听到自己声音回音的那种喜悦恰恰是很多人喜欢在淋浴时唱歌的一个原因。回响是一种音质，这种音质对很多的生物来说似乎尤其有诱惑力。秋天的时候，生活在美洲西部的驼鹿经常在那个季节借用森

29

林环境里较明显的回音去突出它们故意发出的吼叫声，借此产生一种拓宽它们地盘的假象，让自己的家人感到安全。美国西部驼鹿生活的地方，尤其是在提顿山脉[*]和黄石国家公园[**]里，处处可以听到这种叫声。鬣狗、狒狒、各种青蛙和一种叫作帕拉的夜莺鸟的鸟类也常常在气候和地貌能产生回音的时候发声。

海洋栖息地里，水温、盐性、水流和不同的环境底部轮廓都会以微妙而深远的方式影响声音的传播。阿拉斯加东南部冰河湾地区封闭的底部轮廓会引起声音回荡和放大效果，因此船只和动物发出的信号听上去比实际声音都要大。同时内陆湖和一些其他的海洋栖息地比如珊瑚礁则几乎没有什么回音。我曾经听过生物学家罗杰·佩恩的一场讲座，内容关于罗杰·佩恩和他的妻子凯蒂于 20 世纪 60 年代发现了座头鲸唱歌，他在讲座中推测了雄性座头鲸在特定季节发出的声音结构。这类主题和结构在人类音乐的错综复杂的形式中很常见。

30

在此之前当我还在编写模拟磁带的目录并且把它们转换成电子形式时，我做了一个关于声音的梦，更准确地说，应该是一个噩梦。在梦里，我在黎明时分去了实验室，发现我所有的环境录音都被转换成了上千个 CD，每一个 CD 上面有一小段单一动物的声音从音景环境里被抹去，我弄不明白到底该如何把那一部分完整还原回去，以至于到

* Tetons: 提顿山，位于美国怀俄明州西北部的冰川山区，1929 年建立大提顿国家公园。公园内最高的山峰是提顿峰，海拔 4198 米，有存留至今的冰川。——译者注

** Yellowstone National Park: 黄石国家公园，于 1872 年建立，是美国乃至世界上第一个国家公园。主要位于怀俄明州，部分位于蒙大拿州和爱达荷州。黄石公园以其丰富的野生动物种类和地热资源闻名，老忠实间歇泉更是其中最负盛名的景点之一。黄石公园中有着多种类型的生态系统。——译者注

现在回想起来仍是心有余悸。

几年之后，我碰巧看到了特里·特姆普斯特·威廉姆斯关于马赛克拼花图案的书《在破碎的世界找到美》，书里描述了他们是如何把截然不同的碎片建造成宏伟结构的。同样的情况也适用于绘图、语言和电影音效设计，但是却不适合自然音景。野生世界和我们有一种深奥的联系，那是一种不断进化的多维声波结构的交织，因此，没有一天的自然音景是雷同的。即使用最先进的技术，我们也只能捕捉那些响亮的时刻，其主要原因是构成这些合唱团的声音总是在不停地小幅调整，从而去适应最成功的传播和接收——一种永恒的自我校正机制。正因为上述原因，要想从各自抽象的部分重新创建这些合唱表达是非常困难的，除非我们能够抓住深层的基本结构，描述每个构成声音是如何适应不断改变的生物声音创作的。

31

除了通过书面记载和表演过的音乐，历史上没有一个机制能帮助捕捉和保存声音。直到19世纪中期才出现一个有上述功能的机制。大概在公元前2000年，最早形式的音乐记谱法出现在中东，它能帮助人们准确地再现一系列或组合的音符，使得当时的表演重现成为可能。我们现在能够欣赏莫扎特的音乐是因为他的音乐有书面记载且被重复地表演——并不是因为我们去现场听过他的表演。

第一次真正的机器录音是在1860年，那时巴黎印刷工爱德华·莱昂·斯各特发明了声波记振仪*。20年后，托马斯·爱迪生带来了新发明，他的留声机系统的特色就是添加了简单的回放功能，这在

* Phonautograph: 声波记振仪，是最早的原始录音机，留声机的鼻祖。——译者注

之前的机器当中没有。

从野生世界中再现声音的可实现技术在1948年安派克斯发明了偏差校准模拟磁带录音机之后。基于10年前德国的一项发明，安派克斯磁带录音机是第一个能够捕捉和录制声音的机电设备，其声音囊括人类全部的听力——声音都录制在一个6.35毫米薄的磁带上。这个录音磁带包括三个部分：一个聚酯薄膜（或者塑料）背面，一个薄氧化物涂层和一种把氧化物粘到背面上的胶黏剂。氧化物由一层微量磁性元素组成，每一粒和香烟颗粒大小差不多。当磁带顺利地穿过电磁充电记录头时，通常都是按随机模式排列，氧化物颗粒会被重新调整以便可以倒带“读取”，再现被捕捉到的声音。

32

不同形式的录音带——双卷盘式、标准式、小盒带——是20世纪80年代的主要媒介，后来被融合了模拟元件和数字系统的数字录音带这种过渡形式所取代。很短的时间内，数字录音系统就成为录音业的主宰，从复杂、繁重和依赖功率技术转移到轻型、多功能、高品质的手持模式。到2005年，现场和录音传播系统基本是以数字模式为主——不论是在硬盘驱动器上、小型优盘上还是两者一起——直到如今依然如此。每次我都觉得我拥有了一个最终系统的版本，但是我总是被更新、更好的版本所吸引。

即使这些技术能录制和翻录那些激动人心的声音表演，但是对自然世界感兴趣的大部分录音师还没有把音景看作整体结构。20世纪60年代当我开始录制音景时，除了在电影和电视配音上的极有限的使用之外，整个栖息地（声音）录制在当时还是闻所未闻。相反，声音碎片化——单一动物的声音快照，就像在我噩梦里出现的那样——

仍然是从开始就保持主导地位的现场记录模型。在20世纪大部分时间里，我们这些人被指控从整个声学结构中仔细地提取简短的个别声源。

声音碎片化灵感的出现是源于几个研究者发现他们很容易就可以实现声音的碎片化，虽然事实上他们当时是在执行任务。他们发现可以利用20世纪20年代的鸟类学家所称的“声音反射镜”来隔离单个鸟类的声音：一种抛物面天线反射器的早期版本——将信号录制到电影音调录音机的光学轨道上，最初是为了电影，“声音反射镜”的发现者是康奈尔大学鸟类学实验室的亚瑟·亚伦、彼得·保罗·凯洛格和他的同事，因为他们决心追踪并记录罕见的象牙喙啄木鸟，才发明了这种录音机。1935年春天，这个鸟类学家小组坐上了一辆由骡子拉的装满上千磅录音设施的四轮车，进入了鳄鱼出没的乔治亚沼泽地。最终找到鸟和鸟窝，这群研究者捕捉到了一段可能现在已经灭绝了的生物发出的清晰录音。

同时，横穿大西洋，路德维希·科赫一直在英国和欧洲大陆录制单一鸟类声音，使用的设备更加类似于维太风*——一种磁碟记录器，记录和回放从内到外的磁盘跟踪槽。科学家建立的这种去语境化单物种模式引入了一种精密的学术记录格式，近80年后，它依然备受青睐。根据生命清单的概念——查找和识别单种鸟、哺乳动物，最近如青蛙、昆虫——通过数字技术收集动物声音的方法变得根深蒂固。

重点捕捉单一声音碎片这一想法最初迫使我——从临时听众到一

33

* 利用唱片录放音的有声电影系统。——译者注

丝不苟的研究者——的调查限制在每一个发声的范围内。但是对于人类而言，声音碎片模型通过展现一个不完整的生活景观，扭曲了我们对野生的看法。结果，人类和非人类的听觉世界之间的必然联系被忽略了。

34 当我在非洲、拉丁美洲和亚洲的赤道树林里录音时，音景作为生态和音乐的价值第一次于我而言变得那么明显。厌烦了追逐单一物种和聆听单声道回放，按照音乐制作人接受过的训练，我架起了一对立体麦克风蹲坐了下来。夜幕降临，我被那3D音效世界环绕，陶醉其中并深感幸福。摆脱了单调的老旧模式单一轨道录音，此刻的声音比任何照片都更具启发性和感染力。被捕捉到的环境——纹理丰富，拥有优雅结构、多重节奏、独奏整个频谱——通过它们奢华而微妙的细微差别强化了我对栖息地的体验。于我而言，用开放的耳朵学会倾听，增强了一种非凡的谦卑感，获得了一份神圣的礼物：来自某一时刻某一特定地方的活生生的声音纪念品，即使到现在它仍然带给我最

35 伟大的满足感。

第二章　来自陆地的声音

对于内兹珀斯人*来说，俄勒冈州东北部的瓦洛瓦湖是神圣的。它是1877年大逃亡的出发地。此次大逃亡中，约瑟夫和另外几个酋长一起带领部落，在三个月2700多千米的路途里打败美军的五支部队，但是受整个部落和孩子们的拖累，他们最终在蒙大拿的贝尔波战役中被击败，令人遗憾的是此处距离他们获得自由之身的地点——加拿大边境——只有70多千米。

1971年10月，我第一次见到了依偎在瓦洛瓦－惠特曼国家森林公园约瑟夫酋长山脚下的这片田园风光，整个岸边披上了厚厚的霜幔，在晨光的照耀下闪闪发光，耀人眼目。我和同事跟随刚遇到的一位内兹珀斯长者——安格斯·威尔逊——到他的“圣地”上一堂音乐课。我们俩在他指定的地点毫厘不差地坐了下来。当我俩等着“上

* 又称内兹佩尔塞人，来自于法语Nez Percé。他们是在刘易斯与克拉克远征时期生活在美国太平洋西北地区（哥伦比亚河高原）的一支美洲原住民部落。——译者注

36 课”时，威尔逊和我们拉开了一段距离。在他含沙射影批评我俩深度的音乐无知之前，整个夜晚都让我们异常激动。威尔逊主动提出如果我俩对音乐还有好奇心的话，他愿意对我们进行再教育，他一再提醒我俩这次单独指导可能需要极大的耐心，可能对一些根深蒂固的传统想法产生质疑。我们俩决定加入这次学习。

我俩在流入南方山谷的一条小溪边等着，哆哆嗦嗦地蹲在那里——当时温度也就二十五六度，而我俩的衣服又不能直接坐在地上。等着这场未知又意外的“课程”开始时，我俩烦躁地扫视了几眼山谷，那边的树林有茂密的黑松树、道格拉斯冷杉、西部落叶松、黄松和低洼灌木丛。除了最开始偶尔几只乌鸦的叫声之外，四周一片寂静。从爱达荷州路易斯顿天亮之前就出发的长达三个小时的旅程里，威尔逊没说几句话。即使我们到达了目的地，他也只是只言片语地要我们活动一下冰冷的脚跟，并且告诉我们时间一到，一切皆会出现。

大概半小时之后，风穿过南部的高山口，随着时间的推移风力逐渐加强。文丘里效应使得穿过狭缝峡谷逆流而上的狂风变成一股微风，吹过蜷缩的我们。低温、寒风让我们感觉非常不舒服。一切就在这时悄然而至。仿佛一架巨型管风琴演奏的声音出其不意地缭绕在我们四周。准确地说，这种音效不是一种和弦，倒像是音调、叹息和中频叹息交相辉映的混合声。一些在音高上可以匹配的不熟悉的节拍会形成一段共振，同时它们创造出的复杂泛音被来自湖里和四周山脉的回响放大、增强。那一刻，音调聚群，音量很大，极其不和谐，压倒其他所有的感觉。

37 虽然从来没有不愉快的时候，但是声学体验很容易迷惑。不知道哪里来的声音会彻底地掩盖自然音景。我们根本无法把听到的声音和看到的任何东西联系起来。带着一种复杂的情绪，我和我的同事面面相觑，惴惴不安。我们俩都从来没有听过或者经历过类似的事情——我们也没想到用捕捉全部事件的方式去录制声音。

过了一段时间，安格斯慢慢地站了起来，拖着关节炎导致的僵硬双腿向我们走来。他问我们是否知道声音来自哪里。几乎要冻僵了的我俩只是摇了摇头。安格斯站在我俩中间，示意我们站起来，跟着他一起向小溪岸边走去。他再次问我俩知不知道刚才发生了什么事情。直到那时我俩才意识到安格斯想让我们听到的和看到的是什么。我们的前面是一片片高矮不同的芦苇秆，被四季的风霜雪雨折弯。当微风吹过芦苇秆时，那些顶部有开口的芦苇秆就会随之摆动，并会产生巨大的声音——一种介于教堂管风琴和巨大排箫之间的混合声音。意识到这点之后，我那快要冻僵的肩膀所承受的张力瞬间得到了释放。如果不是为了这个时刻，我们永远不会考虑去收集长在俄勒冈一个湖边偏僻地区的芦苇秆的声音。

看到我们脸上的肯定，安格斯从腰带的鞘套里拿出一把刀，穿着靴子朝浅水处走去。他砍下了一根芦苇，在上面打了一些小洞和切口，开始拿着芦苇表演了起来。表演了很短一段旋律后——尽管是在接近冰点的温度下，我们俩还是忍着寒冷用磁带捕捉那一小段旋律——他转身面对我俩，用一种慢且低沉的声音对我们说："现在你们该知道我们是从哪里得到我们的音乐的了吧，这也会是你们得到你们想要的音乐的地方。"我意识到这将是我这一生最难忘的音乐课。

38

即使动物声音会在不同时间的同一个音景里占主要地位，仔细聆听仍可以听到自然声*。风、水、土地移动和雨的声音不仅对单音的表达产生影响，而且对住在一个栖息地的所有动物的表演都有影响。自然声的声音曾经是地球上的第一种声音——这种音景元素就是一种背景，在这个背景里动物声音，甚至人类声波文化的重要方面逐渐进化。每一种对声学敏感的生物体都不得不适应、接纳这种自然声。每一种生物体必须建立一个带宽，在这个带宽里点击的嗒嗒声、呼吸声、嘶嘶声、呼啸声、歌声、喊声和自然声相比很容易脱颖而出。像动物世界的其他声音一样，人类也被自然声吸引，因为自然声里含有基本的信息：食物信息、方位感和精神联系。

自然声就是美丽和错综复杂的源泉，因此自然声本身值得人们探索。在我看来水很有可能是与有知觉的生物体互动的第一种自然声音。如果在岩层中发现的第一种海洋生物的化石记录——叶状形态类生命**——显示了地球生命起源的痕迹，那么这次互动很可能发生在5.5亿年到6亿年前纽芬兰海边附近的一个海洋环境里。我们已经知道生物体一直都是依赖水生存。既然水是生命的第一介质，这个媒介产生的声音也将会是第一个进化且反应敏捷的生物体所听到的声音。

39

当我在哥伦比亚河的西北部工作时，一位当地的居民曾经告诉过我一附近的印第安人部落，他们的部落集体生活完全围绕一个瀑布展开——一个来自他们创世故事里的声音。这座瀑布给印第安人的部落

* geophony：自然声，指的是非生物的自然声音，如风、雨、海浪，等等。主要区别于生物声（biophony）、人工声（anthrophony）。——译者注

** rangeomorph：叶状形态类生命，是已知的地球上最早出现的生命形态之一，这种形态奇异的微生物组织出现在距今约5.75亿年前的海洋环境中。——译者注

生活增添了很多活力，并且养活了世世代代的后辈。一位当地人知道我好奇，就把部落中的一位成员伊丽莎白·伍迪介绍给了我。

根据伍迪的说法，垭姆*部落历史跨越几千年，部落人整年都在哥伦比亚河中西部的赛理罗瀑布打鱼为生。因为瀑布在部落生活中有举足轻重的作用，所以后世人把“赛理罗”解读为一种神圣的声音，传递着神圣的信息。每个季节，作为瀑布分支的这条又宽又重要的河流孕育了大量的鱼类——春天有大鳞鲑鱼，夏天有大鳞鲑鱼和蓝背鲑，秋天有大鳞鲑鱼、硬头鳟和银大马哈鱼。大丰收时，一天能够捕获一吨鱼。仅仅几个线球的成本，部落人就能够很快捕获到大小家庭一年所需的鱼。

1957 年 3 月 10 日清晨，美国工程师兵团希望改善河上的导航，订购了大量关闭达勒斯大坝的铁门，切断流往下游的河水。六个小时后，垭姆部落瀑布、打鱼地点、上游区十几千米的地方被彻底地淹没。虽然部落事先收到了警告，但是垭姆部落长者们站在河边，依然惊恐万分，不知所措，眼看着部落延续了几个世纪的生活方式在不到一天的时间内消失殆尽。在赛理罗小镇——位于河边和瀑布同名的小镇——河边附近伫立的人们没有一个不见之落泪的，他们并不是因为失去鲑鱼而哭泣，而是因为这条河再不能给他们部落传递智慧的声音了。被淹没的赛理罗瀑布从此一片死寂。

40

“那是一个被当作母亲一样敬重的地方，”伊丽莎白·伍迪说着，“没有了赛理罗瀑布，四周一片死寂。我就像一个孤儿一样，只能听别

* 垭姆（Wy-am）：意思是“落水的回音”。——译者注

人说起自己妈妈的善良和伟大。”

世界上不乏水的古老神话，水影响我们对这个自然世界的看法，水或者与水有关的故事有很多不同的版本。到目前为止我最喜欢的版本是和人类、非人类动物世界与自然声有关系的部分。其中，大河和人相互影响，甚至有洪水神话——比如，在《吉尔迦美什史诗》[*]和《创世记》[**]里描写的洪水故事。

当人类足迹能够到达更广阔的地方时，越来越多人发现不仅仅是那些伟大的自然事件在我们的历史里留下了影响。我们也许对陆地乐团奇观了解得比较晚，但是对于在小溪、池塘、沼泽、湖泊、暗礁和海洋里存在着的大量生命探索更迟。虽然透过木船，古代的航海员也偶尔听到了鲸鱼的声音，但是现代科技的巨大进步与人们的好奇心才有了可以置于水下的水听器（水下麦克风），从而大大提高了人们对覆盖着超过地球表面三分之二的海洋的感知。

在各大洲河岸线和数十个海滩有过录音经验的音景生态学家们常常说，我们容易忽视微妙的声音——到现在音景行业的专业人士才开始慢慢理解。由于海滩斜角、离岸深度、岸边深度、水流、组成成分、天气模式、盐浓度、水温、气候、季节、周围地面环境、地理特色各不相同，加之其他的动态因素，每一个海滩的水声都有它们自己的声学特征。海滩上不同地方水的离岸深度各不相同，会影响海浪产生碎浪

41

* *Epic of Gilgamesh*：《吉尔迦美什史诗》，是目前已知世界最古老的英雄史诗。早在四千多年前就已在苏美尔人中流传，经过千百年的加工提炼，终于在古巴比伦王国时期（公元前 19 世纪—前 16 世纪）以文字形式流传下来。——译者注

** *Book of Genesis*：《圣经 · 创世记》。——译者注

的位置——在离海岸线一段距离还是靠近海岸线。布鲁克林康尼岛海洋音景总是让我惊讶不已，它整个动态范围与坦桑尼亚的达累斯萨拉姆海滩、旧金山大洋海滩、亚速尔群岛普拉亚海滩、英国的东英吉利海岸或者玛莎葡萄园岛的沙滩或巴西里约热内卢南部的伊帕内马海滩都不同。

在没听过不同海滩吃水线处缓慢流动的水涨潮、退潮的同步录音之前，我从来都没意识到不同海岸环境发出的声音会如此不同。野生的陆地栖息地彼此不同，那么海边的沙滩呢？20世纪40年代和50年代，父母第一次带我去康尼岛时，那时的海滩很宽广，温柔的海浪追逐着陆地，每波海浪间隔的时间很长，那种平静的声音震撼着我。那里的空间是如此开放和辽阔，我的父母只在最温和的天气里才会出门。康尼岛是一个有代表性的声学体验。后来我听到其他的声音时，都会拿它们和在康尼岛听到的声音作比较。

在坦桑尼亚首都达累斯萨拉姆风和日丽的日子，印度洋的小海浪快速、连续地从东边登陆——声音听上去就像淡水湖的湖水频繁、连续地轻轻拍打。海滩的倾斜度很大，海浪刚登陆就破碎了。在我收录的海滩录音中，咸水环境的其他声音和这个都不相同。在世界的另一端，大瑟尔* 少数几个海滩中，旧金山大洋海滩的声音更强壮有力。即使是在天气最温和的日子里，那些弯弯曲曲、来势汹汹的海浪撞击声仍让我感到刺激、紧张，声音中夹杂着令人窒息的美，又带有让人生

42

* Big Sur: 大瑟尔，它不是一个地名，而是位于加州一段临太平洋160千米长的崎岖美丽的海岸线，北端始于卡梅尔（Carmel），南端终于圣西蒙（San Simeon）。——译者注

畏的神秘威胁。

葡萄牙距北美的三分之一的地方是亚速尔群岛的法亚尔岛普拉亚海滩。由于长时间火山运动，海岸线崎岖不平。声音在此处特殊的地理结构之间跳跃，每一次的击打声都被放大，带有一丝尖锐的、类似于打击乐器的声音，像要把东西击碎一样的拍打声。和其他的海滩相比，位于法亚尔岛背风一面的普拉亚海滩受到了更多的保护。大部分海浪都是缓慢温和的。整个过程富有旋律且声音很大，击打声的间隔要比大瑟尔的海浪略短。

当康尼岛风平浪静的时候，靠近奥尔德堡的英国东英吉利海峡的海岸线上的海浪即便是在最风和日丽的日子里也会有一种近乎发怒的声音。或许这近乎发怒的声音是由海水下降、波浪在位于海岸线上的小型岩石间互相撞击产生的一种声音组合。哪怕是很小的波浪产生的声音也会带给人一种怦然心动的感觉。

玛莎葡萄园岛海滩的音景有很大的不同。从玛莎葡萄园岛受保护的浅水湾的音景、岛北部楠塔基特的声音音景到岛南大西洋海岸那让人印象深刻、连续不断的咆哮声和隆隆声，音景皆不相同。

43

风平浪静的日子里，由于巴西里约热内卢南部的伊帕内马海滩斜角适中，东北部形成周期性的波涛起伏，伊帕内马海滩的海浪在相对比较短的间隔内登陆。于我而言，那诱人的、缓慢的海浪声如同在热情相邀请，吸引我前去冲浪。冬天，从南大西洋吹来的海风使得海浪更加猛烈，伊帕内马的海浪能达 3 米多高。

当然，根据水所处的自然环境和地理环境的不同，水的声音也会发生变化。在 2010 年英国石油公司在墨西哥湾发生漏油事故以后，我的好朋友录音师马丁·斯图尔曾经去路易斯安那州的海岸线录制被石油污染过的海浪的古怪声音。他说那是一种咕噜、泥泞和迟缓的声音，似乎那里的水本身会哽咽一样，费劲地喘着气。没有野生动物的声音，油和水的混合物发出的哗啦哗啦声是他印象中最具破坏性的声音——他所听到的要比他所看到的更让人震撼。1989 年埃克森公司瓦尔迪兹石油泄漏后，我在威廉王子海湾也听过类似的让人不寒而栗的声音。

大大小小的淡水内陆湖都会产生湖边的浪花，它们一般比海洋的海浪规模更小、音调更高、速度更快。和海滩上听到的相比，风平浪静的日子里湖边浪花拍岸的速度更快。造成如此不同的原因是淡水和咸水的密度不同，咸水的密度更大。湖水产生的浪花有它们自己独特的声学特征。和天上的雪花各不同类似，每一个湖的声学特征都各不相同。声音特征的不同主要受制于周围的栖息地、人类和相关声源所在的位置、天气、季节以及之前描述过的很多其他条件。不管是咸水还是淡水产生的波浪都会影响生活在岸边的鸟类叫声和歌声，比如海鸥、双领鸻和水鸟。凭借着独特和不稳定的活动范围，每一个物种都会生成一种穿透整个海洋环境的声音。任何一个在偏远湖边长大的人，如果曾经仔细倾听过那个环境，就会辨认出那些音景蕴含的不同季节的独特模式。

44

海滩和湖泊音景并不是水性自然声音的唯一代表。从存活下来的河岸栖息地流过的溪流发出了各种各样的声音来看，声音的变化主要取决于不同的地势、植被、一天中的不同时间段、不同季节、不同的降水量和流量。每一条小溪流都会发出独特的声音。虽然溪流音景的变化要比海岸线的更微妙，但是在动物世界里，溪流激发了同样的创造性的声音解决方案。美洲河鸟是一种中等大小的鸟，经常在瀑布或者湍急的流水去生存或者寻找食物。它的声音——又高又颤——在湍急下落的水流声中依然清晰可辨，鸟类世界中很少有能超过它的。

自然声中，天气产生了它自己的声音变化的动态范围。当我们在热带雨林里工作时，导游警告我们袭击我们的可能并不是蛇、美洲豹或者小动物，而是树。旺盛的雨水会增加树冠的重量，因为大部分热带雨林树木的根都很浅，提供营养的表层土也只有几厘米厚。头重脚轻的大树会在最不合时宜的时候倒塌。我早就料到会这样。一天下午，在离我坐的地方只有一米的地方，一棵树突然倒了下来，离我安放麦克风的地方只有几厘米远，事情发生之前没有任何征兆，我也浑然不知情，这让当时蹲在树下面的我着实吓了一大跳。

雷声会有一定的戏剧性和不祥的预兆。20 世纪 80 年代我正在制作一系列商业性的自然音景专辑，突然被告知以雷声为特色的自然音景在日本市场上被下架，原因是日本顾客恐惧这种声音，它让日本人想到了战争。其实雷声也可能是好事的预兆——比如旱情的缓解——远处雷声隆隆，滚滚而来。它能够表达为一种干燥的声音（比如在开阔的沙漠环境），也可以是一种回声（比如在很多的雨林环境），或者是伴有雨声、风声的雷声。我大爱自然生动而又模糊的声音产生的戏剧性，打雷的时候，我总是努力想办法去录制。但是录制雷声的过程很难操控，几乎永远不能正确地把握雷声最大回声的力度。当强度设置太高，声音很容易就会使最好的录音机超负荷；强度设置太低，我就会错过隆隆声后的微妙。

根据暴雨和环境——城市、乡村、自然环境——的力量，雨水能够创造不同的声音表达。陆地和海洋不同的气候动力学产生一些声音体验，即使声音生态学家有时候也会错过这些声音，因为它们变化无常。哪怕是在“干燥的季节”，热带雨林的风暴中心都会在每个下午降临。当风暴降临时，雨水滂沱，瓢泼而下，声音就像一辆轰隆隆靠近的货运火车，速度非常快。离你最开始听到雷声大概一分钟的工夫，疾速流过的大量雨水会产生一股巨大的力量，如果它能够被捕捉，效果会是非常刺激。树冠上部的植被非常厚，暴风雨最先袭击树冠上的植被，暴风雨的力量常常并不能直接击打树林的地面，所以轰隆声首先从上面传来。此时，你听到的是来自树叶上悦耳的滴水声——声音特征受滴水的大小影响——周期性滑落的水敲打着地面小水坑。如果用最好的立体声录音或者环绕声录音，我们就能够立刻捕捉这个缥缈的雨水幻觉。水快速奔涌而过，整个小插曲不会超过四分钟。

46

如果树没有倒在你身上或者压在你的麦克风上，当风暴中心退到远处时，你就会听到雨林的昆虫开始发出刺耳的声音——首先是一个物种，接着十几个，最后成千个。似乎有一只看不见的手在引导着大家，动态地形成，犹如加布里埃尔·福雷《安魂曲》的那场伟大的演出。鸟儿们开始抢占空闲的声音位置，直到树林里再次充满复杂的声音纹理，当下一个中心形成抑或当时间从傍晚到黄昏之间游荡，这些纹理从形成到高峰至发生转移。苏门答腊岛和亚马孙中部的树林是我做现场录音的时候最爱去的地方，在那里差不多每天总会以一种或者另一种的形式重复表演。

城市里雨声则产生很大的不同，因为城市里常常没有树冠转移或者吸收滴落下来的水，雨水直接击打在水泥地上或者人造且坚硬的表面上。城市里建筑建构产生了很多平面，雨水常溅落在某某建筑物侧面或者金属屋顶上产生回响。如果你靠近仔细听，你总是能听出野生自然环境下录制的雨声和城市里录制的不同——即便没有汽车声或轮胎轧过人行道的小水坑激起的溅水声。

雪花也能创造独特的声音环境。和产生雪花那样多变的条件一样，雪花声音环境也一样地变幻无常。要想录制正在飘落的雪花的声音是极其困难的。对录音师来说，录制雪花飘落的声音就如同享受一顿美味佳肴，那是一种妙不可言的美妙宁静。就像一些空气中的分子因为一根飞舞着的羽毛或一粒尘埃而流离失所，如果录音师运气好，还是可以捕捉到这种缥缈的时刻的。事实上，有人已经做到了，虽然收录的声音里面，飘雪声音只能在特殊的声音系统上清晰可辨。我喜欢录制寒冷潮湿时候的雪声。但现实的问题是很多麦克风不能支持上述两种情况的任何一种，更别提两种情况兼在的情况了。录制雪声的最佳时刻是温度接近冰点时——那时雪花大，水分充足，重量沉。当雪花有了重量，还得能够排除万难把麦克风成功搭起来——我通常会把小麦克风绑在低矮灌木丛的枝条上——这样就能够顺利捕捉雪花飘落在小树枝上时，小树枝若有若无的微妙颤动声，那种微妙是仅有飘雪才能发出的一种柔和、低吟的轻叩。

47

在常见的英语词汇中，我们只有一个词描述：雪。除非你是巴里·洛佩兹*，在《北极梦》里他把雪描述成“以不变应万变”。更加详细的描述主要是来自视觉方面的——除了伴随这个时刻的寂静之外，我们几乎永远不会去想那伴随雪花而来的声音体验。西方神话坚持认为因纽特语言包含几十个描述雪的单词，对因纽特语言进行全面研究后发现，大概有六七个和雪有关的词语。即使使用英语里最好的词汇，就像洛佩兹给我们展示的那样，在很多的变体当中，我们也只能够辨识出细雪、湿雪、霜、飞舞着的或者一簇簇的雪花、雪堆、暴风雪、冰壳、融化的雪、冰蜡烛、击打积水的雪和雨夹雪。

几年前，穆里·谢弗尔受德国一家广播电台的委托，设计了一个声音雕塑，命名为《冬天日记》。作为大型项目的一部分，《冬天日记》敏锐地展示了人类在和冬季音景互动过程中的细节，展现了“生命”的不同组成。声音雕塑录制了人在空旷的乡村雪面穿行的脚步声。积雪清理后，很长一段时间四周寂静无声，直到远处传来的火车汽笛声打破了宁静，让我们的耳朵能够再次听到人类制造的声音。对于有些人来说，那真是一个悦耳的共振，音景在没有回音、万籁俱寂和打击乐器产生的声音之间来回摆动。北美印第安人融化冰，使之滴到金属上——所有都设在一个室外的大雪场景，直到大脑最后享受够了绝对宁静感才结束。

48

* Barry Lopez：巴里·洛佩兹（1945—　）是美国当代著名自然散文作家。1986年，巴里·洛佩兹的《北极梦》获得美国国家图书奖的散文奖。美国著名的《自然散文：英语传统》的编者罗伯特·芬奇指出：“随着《北极梦》的出版，洛佩兹成了当代从伦理角度重估人类生态行为的主要代言人。”《北极梦》既是洛佩兹的代表作，又是20世纪80年代美国自然散文的代表作，蕴含着丰富的生态思想。洛佩兹的另一部散文集《狼与人的故事》获得美国国家图书奖提名奖和美国自然散文的最高奖项“约翰·巴勒斯奖章”。——译者注

20世纪90年代，我几次带领自然声录制小队穿越拉丁美洲和北美洲、非洲和印度尼西亚。阿拉斯加东南部的皮艇之旅时，我们在罗素峡湾（Russel Fjord）的南边，穿过海峡离哈伯德冰川[*]约800米的距离搭起了帐篷。在那逗留的几天，我们亲眼目睹了冰川前端接二连三地开裂出7米多高的冰块，如雷般地滑入下方的峡湾。这些开裂的巨大冰块让海水四溢，产生巨大的波浪，大概一分钟之后——滑行大约800米——这些巨大冰块撞在崎岖不平的海滩上。不巧的是我们的帐篷和户外厨房就搭在海滩上。那是一种让人生畏的声音，它提醒了我们，如果不想我们的皮艇被冲走，就得把皮艇划到远离涨潮线的地方。

几天之后，好奇心驱使我去看个究竟，那些巨大的冰块或许可能产生声能。作为一完整的冰块，当它滑移到陆地上时，在冰块下面形成了冰川堆石。与导游商量，确保行动应该是安全的之后，我们划到冰块边，从这块剥离的冰块正面爬了大概一千米，看看是不是能听到什么声音。一块连续不断移动的巨大冰块是地球物理学声源——这一类声源还包括雪崩、地震和热泥浆锅[**]。和其他声音一样，这些声音也取决于我们相对于声音源头的位置和它们发生时候所处的物理环境特点。当穿过峡湾攀登上冰川之后，我慢慢爬到冰川的裂缝处，在一个

49

* Hubbard Glacier: 哈伯德冰川，阿拉斯加最长的浪潮型冰川（冰川直接入海），它发源于近4000米的高山，全长122.3千米，入海部分宽达9656米，冰川高达100多米。阿拉斯加有许多冰川，其他冰川在近一个世纪以来都在不断收缩，唯独哈伯德冰川由于降雪量很大，保证了冰川有源源不断的冰雪量，不断扩张。——译者注

** Thermal mud pots: 热泥浆锅，一种地热现象。——译者注

浅浅的融化的水坑里放了一个水下听音器。小组成员站在远处的相对安全的地点，我成功捕捉到了一个不祥的、连续不断的、低沉的轰隆声。对于当时的我来说，与其说是听到不如说是感受到。这一整块冰川的移动速度是每小时几厘米。从当时我的位置，那还是第一次有人成功录制了那个声音。（再次提醒：不建议沿着冰川裂缝爬行！十分危险！）

地面运动产生的频率很低，会发出刺耳又尖锐的类似“长钉子”的信号*，因此是一种很难捕捉到的声音。但是如果成功录制到了，那个声音是让人难以忘怀的。在内华达山脉，猛犸湖区域是一片非常活跃的地震带，定期的震群地震频繁发生。1989 年在两天的时间里，共发生小规模的地震超过 300 余次，而且这种地震高发现象并不罕见。21 世纪初，同样在猛犸湖，我成功录到了一个几乎连贯的震群地震声音。在里氏震级里面，很多轰隆声可以达到 3.5 到 5.5 级，通过特殊的麦克风，或是特殊的接触话筒——和水下的录音器类似，被称作地音探听器——我第一次成功录制了那些轰隆声。这些微型麦克风能够和震源直接接触，因此才能够录制地球的运动，这是一种可重复的自然声，任何人都能够听到的一种声音。

50

捕捉地面运动的声音是一个让人兴奋的过程，在我最喜欢的自然声中，风是无法成功录制的，但是我们能录制风效。风吹过树叶或者草地时会发出的沙沙声，风拂过断裂的树枝、湖 / 河边的芦苇断裂处

* Spike：“长钉子”信号，音频的开始处和结尾处都有一个波形的类似“长钉子”的信号。——译者注

时的尖厉声，风拂过树的针叶或者树枝时的窸窸窣窣声，倾听着这些有微妙差异的声音，仿佛瞬间穿越时空，回到录制现场。

19世纪末20世纪初的博物学家约翰·缪尔，曾亲自攀登过内华达山脉，因此那片树木得名缪尔树林。他曾经对外宣称，通过吹过云杉林的风声他就能确定自己所处的位置。1874年，他详细描述了如下一个时刻，大加赞美道：

> 即使把庄严的国歌提升到最高音调，我还是能够清晰地听到每一棵树发出不同的音符——云杉、冷杉、松树、无叶橡树——甚至还能听到踩着那干枯的树叶而产生的无限柔和的沙沙响。每一个声音都在用自己的方式表达着自己——唱着自己的歌，做着自己奇特的动作——展现着在我所见过的其他森林中所没有的丰富多样性。

强劲的风会让树木的枝杈缠绕在一起，发出吱吱嘎嘎的声音。让那极其脆弱的“小容器”超负荷运转——探测声波的主要部件，把声波转换成电能或者数字格式——风的力量不同，麦克风里捕捉到的风也会相应地发出砰砰声、轰隆声。在空气压力下，“小容器”能够抓取任何一丝一毫的变化。这些变化是大部分人类和大多动物耳朵所分辨不出来的。当风声安静且微妙时，有时候好像在提醒我们呼吸。它变成了动物和活跃的地球之间的交叉点。呼吸是所有基本音景源的交叉点，很多文化中风效是灵性的根源，它或许来自树林里的树木，或许来自生物的呼吸声。

51

地音探听器录音里风声是最缥缈、变换最多样的，从狂风到微风，从猛烈的狂风到轻柔持续的和风，它使我们体验到一种神秘的力量。如果考虑其他的天气因素，风就会有龙卷风或者飓风的威力，或者鲸鱼呼吸那样的爆发力。我很幸运能在西南的沙漠里录到风声。在新墨西哥州的狭长地带，风眼从我们宿营地经过，夹杂着阵阵狂风及狂风过后的暴雨。当时我正在录制春天音景，正费尽心思跨过挡路的铁丝网栅栏，好不容易拉开铁丝网准备从中间穿过时，恰巧听到了风呼啸的声音。呼啸而过的风正好吹过趴在地上生锈的两根铁丝，而铁丝正好扭成可以“唱歌”的形状。把几个小麦克风放在草地里，保护麦克风不受其他因素的影响，我终于录到了在录音室里梦寐以求的声音——没有任何杂念，用于展现纯粹幻想的效果。

即使很多年以后重放，我仍然会为那些声音的“干燥”和“炎热”而惊讶。那些浑厚、平稳的音符总让我有一种口干舌燥的感觉。也有一些风声让我感到战栗或者受到威胁——当高亢的咆哮改变频率，便意味着某气候事件要发生，而这个时候一个让人感到不祥的刺骨寒冷的声音就会出现。在电影里风声经常被用来渲染气氛。在电影《老无所依》、罗伯特·奥特曼的《麦凯比与米勒夫人》里，声效营造了大部分的情绪。在奥特曼电影的开场几幕里，有一场远景拍摄冬天西部边疆某城镇，通过设置合适的音调和音高，让人感到不祥的寒冷，风声用于衬托故事发生的背景。

52

无处不在的风、小溪、湖泊、海洋、地球运动、火山爆发、陆地上风暴——这些因素结合起来产生无数生物元素的音景，而这些音景充斥着濒临变化的整个世界。

大概6亿年前，自然声是这个星球上唯一的声音。没有其他有生命的生物体听到这些声音。但是当生命出现，较小的生物体经过上百万年进化成为复杂且会发声的生物时，地球的音景开始发生变化。连接成片的水域、风、细菌、病毒、昆虫、鱼、爬行动物、鸟、两栖动物和哺乳动物一一出现，在一个新的音序里面，每一种事物都找好了自己的位置，于是一个充满各种各样生命的世界也就从此出现了。

53

第三章　井井有条的生命之声

我在卢旺达卡里索凯戴安·弗西研究营地*的第三天。营地位置偏远，来此营地的人必须尽快适应和非人类动物世界的接触和交流。20 世纪 90 年代蹂躏卢旺达的政治暴乱爆发之前，维龙加山脉**一些受保护的生物圈虽然仍然遭受少量违法捕猎和过度砍伐森林的压力，但是它们仍以顽强的生命力存活了下来，到今天依然如此。

多亏政府和外界机构如“弗西数字基金”之间达成的来之不易的协议，1987 年我去参观时，当地山地大猩猩的数量开始缓慢地回升。我迫不及待地想要去探索那个世界。在结束半天的培训之后，我的注意缺陷多动障碍（ADHD）又犯了，我说服了自己，相信自己已经做 54

* 非洲从事“山地大猩猩”（Mountain Gorilla）研究与繁育的营地，随着《迷雾中的大猩猩》（*Gorillas in the Mist*）一书的问世，以及之后依据此书与戴安·弗西的生平事迹改编之同名电影而举世闻名。——译者注

** 是非洲中东部的火山山脉，沿刚果（金）、卢旺达和乌干达边境延伸近 80 千米，有 8 座主要的火山，其中卡里辛比火山最高。——译者注

好了关于森林生物规律的所有准备，并且坚信我已经具备了应对森林大象和非洲水牛等危险动物的办法，关于在大猩猩周围的行为准则也烂熟于心。

总之，我觉得自己已经储备了保证自己安全的足够知识，还对其他研究者和向导们保证我深谙实地调查协议，完全可以带着器械独自一个人去研究动物。接下来，我一个人静静地候在一个点，幼年的山地大猩猩在我周围玩耍，成年的山地大猩猩则在温柔地抚去彼此身上的灰尘，不断重新评估雄性大猩猩觅食的本领水平，以及利用它们白天觅食的空闲休息。

看一眼植被的情况就能知道此处有过一次打斗：四周皆是折断的竹子和灌木丛。总体音景——附近充满了伯劳鸟、夜莺、布谷鸟、鹦鹉、蕉鹃、金黄鹂、鸫、形形色色的昆虫物种——流露出一股明显的紧张，就如占统治地位的雄性动物发出的刺鼻味道和其他类人猿的身体语言一样。我对维龙加音景的第一印象就是丰富多彩，但是很快就发现我错过了由动物声音位置结构提供的一些微妙但却非常重要的信号。不到一秒的瞬间里，合唱团里的鸟声变得短促而平静，很多昆虫的刺耳声音也都戛然而止；整个森林里骤然寂静无声，像是在避免卷入即将发生的事情。在我视野的尽头（差不多是在我的后面了）我刚好能看见幼年雄性巴勃罗和其他的动物保持一定距离地蹲在那里——一堆茂盛的植被遮住了它部分身体：很明显它因为试图和席兹（雄性老大）最喜欢的雌性朋友交配而被抓个现形。而席兹则是给了巴勃罗一顿暴揍，警告它谁才是这里的老大。

55 我把立体声麦克风安在旧金山巨人队棒球帽顶上，录音器正在正常运行着。对巴勃罗和席兹的个性不太了解，我心不在焉地在巴勃罗和席兹之间给自己找了个蹲点，结果错过了四周动物声结构强度上的一个重要转变——如果当时我能多上点心，本来可以捕捉到的。后来回放录音带时，我才意识到当时那个信号所要传达的信息。莫名其妙地，一只大猩猩连续快速地击打自己的胸膛，打破了这个被施了魔法一般的空灵气氛。立体声信号只能通过耳机的左右角度体现，所以我也只能感觉到来自音场左 / 右角度的音源。此刻，巴勃罗被惹怒了，用拳头连珠炮般地击打胸部，就像连续击打边鼓一样。当巴勃罗在和略胜自己一筹的对手之间清出一条小路时，传来一声震耳欲聋的尖叫和爆炸性的植被倒塌声——两种声音混到一起，形成铺天盖地的声波爆，我的录音也超负荷了。而我根本没有辨认出那个可怕的叫声竟然来自我身后，且正以惊人的速度飞速靠近。附近的其他动物都乖乖地一一让路，而我被那重达 20 千克的笨重器械折磨得筋疲力尽，只能坐在原地。

然后，一只巨大的毛爪牢牢地抓住了我的右肩膀。巴勃罗轻而易举地把我举了起来——还有我的录音器、双肩背包和所有其他的东西——腾空扔了五米远，瞬间我能感受到的只剩四周模糊的天空、模糊的地面植被和冲锋衣发出的嗖嗖声。我头朝下被摔到一块荨麻地上，恰巧落在我的设备上，失重后的最后一瞥是一片漆黑。之前的“飞跃”导致缺氧，我大口大口地喘着气。幸运的是我和录音器都毫发无损，安全逃脱。其实如果我早先能够仔细聆听的话，所有警告信号都在那里。

56

我在底特律长大，我爸妈、他们的朋友和家人喜欢听——真正聆听——一些他们日常生活常听曲目之外的东西，大部分时间他们会选择音乐。如果我在场，他们常常会在一个很窄的范围内选择适合年轻且敏感的耳朵喜欢的：清高的古典音乐和一点爵士乐的混合。一直忍受但从未真正意识到充斥我周围其实是外来的噪音。

这些是我早年听到的东西，因此你可以想象当我发现了一个大型合唱团——那些春夏的夜晚，我一个人躺在房间里——聆听着窗外生物群演奏的优美旋律，那简直是“奇迹”。我百分之百确定那是当时除我之外没人能理解的秘密。

我意识到所有生物都会发出它们独一无二的音质特色。比如，当病毒脱离它们依附的表面后，会发出一种可检测得到的声波峰值——振幅上每一个尖锐、快速的变化，只有通过最敏感的仪器才能检测得到。接下来是那些低频的呜咽声和嗒嗒声——如果没有仪器相辅助，人的耳朵是不可能听到的，因为它们大大低于人耳能捕捉的范围——是由这个星球最大的一种生物蓝鲸发出的。

我在好莱坞的第一份工作是 B 级电影声音组的工作人员。电影导演一个劲儿鼓动我退出，直到 8 月的时候，电影导演把我“流放”到爱荷华，派我去记录玉米成长的声音。他想让我退出这个工作组，据他自己的解释是因为他不需要两个录音师。但是由于我有工会合同保护，他又不能辞退我。于是我也只能背负这个使命乖乖前往。就像布莱尔兔*在野蔷薇地，我在得梅因西部大概 80 千米的一片玉米地的中间，乖乖地待了一晚上。我把麦克风架在了玉米秆上等待——出人意

57

* 布莱尔（Brer）兔：Brer 是“兄弟”，所以也可以译为“兄弟兔”。——译者注

料，玉米竟真的发出了声音：在它伸缩膨胀时，发出断音般的嗒嗒声和吱吱声，就像用干燥的双手快速、急促地在充气橡胶派对气球表面摩擦时发出的吱吱叫，那就是玉米成长的声音。

再来看看小生命发出的声音！我将近50岁的时候第一次听到蚂蚁唱歌。当时我接连几个小时默不作声。蚂蚁会发出刺耳的声音去歌唱——通过腿摩擦腹部。在美国西南部的沙漠做项目时，我和团队录下了火蚂蚁试图移走我们放在蚂蚁窝入口处的一对领夹式麦克风，《国家地理》还因此专门拍摄了我和我的团队。蚂蚁的行动——命令工蚁移走入口处障碍的信号——全部都是通过声音来实现的。

我曾经听人说过动物的声音和它的体积有关——小动物发出细小、微弱的声音，大动物不知为何声音就会大一些。但是仔细听很快就可以打破它的神秘。我卧室窗外的太平洋树蛙也就和我的小手指指甲盖那么大，但是它发出的声音在90米开外都能听到。某年春天的一个夜晚，在距离3米远的地方记录下来的声音是80dBA。厄瓜多尔森林里刚出生的秃鹫身体小到一个掌心就完全可以握得下，但是它发出的吼叫声之大、之猛烈，即使用在恐怖电影里也毫不逊色。相反地，很多大型动物会发出相对柔和的声音——比如长颈鹿（除了它们的低频声音以外）、加利福尼亚州的灰鲸、貘、水豚和食蚁兽。当说到自然声音，几乎没有什么规律可循。我们的种种设想总是会被地球上那些难以置信的生物多样性打破。

58

银莲花会发出不寻常的声音，虽然声音是怎么来的、为什么有那种声音和声音对周围附近生物都意味着什么我们一概不知。围绕阿拉斯加东南部的一音景行程，我的团队发现了一个潮池，里面长满了附着甲壳动物、游来游去找地方躲藏的岩鱼鱼苗、小螃蟹、蛤蜊和一些鲜艳的银莲花——其中口腔部分（口腔中心）直径约13厘米，特别适合实验。我小心翼翼地把一个水听器放进它的口腔里。瞬间，它的肉质核心把仪器吸到了中间部位，而它的触角则环绕着仪器的其他部位，找寻着有营养价值的东西，等发现没什么可吃的之后，银莲花放弃了水听器，发出了很大且很粗鲁的咕噜声。如果银莲花都能发出声音，那么我们忽视的其他生物又会是怎样的呢？

再比如，为什么昆虫幼虫能发出特殊声音？有些生物确实如此。在海洋环境下，众多幼虫在哪里发声呢？是不是在早期阶段就已经有一个竞争环境了？是什么让河马在水下发声？那些声音和鲸类有多少的相似度？在泥泞的雨天环境里，和其他肥硕的成员保持联系是很重要的，就像灰鲸和河马，它们是善于交际的动物，发出类似咕噜声和其他声音，喜欢借此互相保持联系。

59

直到最近，长颈鹿一直被认为是很安静的动物，那么是什么使得长颈鹿发出如此低频的声音，以至于人类只用肉耳根本听不到？在动物声架构中，那是不是唯一对它们开放的频宽？它们是在利用空渠道让其他的长颈鹿听到它们的声音吗？

一般来说，对于这样的问题，我们只有部分答案，并且刚刚意识到通过聆听地球和非人类居住者的自然声音，我们会有很多收获。当我在录制现场近距离观察动物时，我总是试图想象它们听到的声音，它们如何收集声音，如何理解声音信息。把双手紧靠在耳朵后，然后慢慢地四周转一转。由这种扩展耳朵的方式收集的声音会更大、更集中。因为你的耳朵变得更大，自然就能听到更多。

曾经，在苏门答腊岛工作时，我很幸运看到一只极其罕见的云豹，它恰好就在我坐的地点前方来回溜达，每隔几秒钟，它就改变耳朵的方向，然后直接朝它看着的方向调整。我回到宿营地，剪了一些和云豹耳廓形状很相似的纸耳朵，然后我在上面安置了一对小型麦克风，夹到我的眼镜腿上。用耳朵听到的和用仿猫耳朵听到的差别之大让人印象深刻。我试图聆听相对于身体有较大耳朵的动物——比如蝙蝠、猫科动物（猫）、犬科动物（狐狸、狼、草原狼、澳洲野狗、豺）——以此来理解耳朵形状和耳朵大小是如何帮助动物寻找声音的来源以及辨别其中的细微差别。收集声音时耳廓越大，我能听到的和录到的细节就越多。鸟和昆虫的声音被带到更近的范围，声音的特征也更加地尖锐。观察一只猫是如何用声音导航，控制单耳或者双耳的目标，集中注意力，抓住每一个细节。为你自己做一对猫耳朵形状的耳朵，你就会明白我在说什么。

60

动物探测声音的方式取决于特定的生物、它们的栖息地和它们进化后想听的事物。复杂的聆听是高级生命形式与其他功能同时进行的少数操作之一——生物体解读一些含有复杂数据的信息，能够瞬间改变信号的编码处理，执行其他的一些任务，比如决定和它们生存相关的有用信息。

首先，当它们的数字相对较小时，听觉敏感的生物仅仅需要过滤自然声背景去感知栖息地里其他的发声生物。当物种数量越来越多，物种也越来越复杂，它们必须能听到、处理和它们安全相关的特定声音。在冰川时期，尤其是最近的一些，生物数量呈指数增长——物种填充空缺的生物位。孕育各种各样强壮生物的复杂栖息地也在增加。

这些生物的行为和生存——不论是个体还是集体——很大程度上受视觉、嗅觉、触觉和声音的决定和影响。

不同物种之间的听力机制各不相同——当然，这取决于生物是生活在陆地还是水里。比如，很多鱼能探测压力的变化，通过从腮到尾部的一束神经细胞测线，通常大概是背鳍和胸鳍之间一半距离。当鱼群突然群体地改变方向，水压击打它们的测线时，它们会对水压做出反应。

61

横跨众多物种，陆地哺乳动物一定程度上共享不断发展的耳朵结构。它们的耳朵包括外耳或耳廓和中耳，中耳指的是耳膜后面的空气腔，耳膜包括镫骨、砧、锤骨或锤鼓膜。声音——在空气中传播的压力波——引起耳膜震动。中耳结构把这些震动传到充满流体的内耳。内耳里面是含有毛细胞的耳蜗，这些细胞呈突出毛状结构，能够决定收听者敏感的频率范围。一些细胞群体对低频率信号更敏感，另外一些专攻频谱的高端毛细胞既可以作为探测器也可以用作扩音器——细胞的运动被转换成信号，这些信号在神经中传播，直到到达大脑被处理加工成有用的信息。

然而，在海洋哺乳动物中，因为没有必要建立空气阻抗匹配，所以也就没有空气阻抗匹配——海洋哺乳动物的身体结构允许声音能够在喉咙里被检测到，然后再直接传送到内耳。一些齿鲸比如海豚，实际上能通过腭感知声音。普通的海豹能够通过鼻毛或者胡须探测声音——鼻毛或者胡须短的能够探测较高频率的声音，长的能够探测较低频率的声音。

昆虫通过三种方式之一检测声音：一些昆虫——比如蟋蟀、蚂蚱和蝉——有一暴露在空气里的耳膜。根据物种的不同，耳膜的位置可能在胸腔和前腿之间的任何位置。另外一些昆虫通过细毛——被称作约翰斯顿氏器——长在它们的触角上。还有一些昆虫比如鹰蛾，通过头部的一个听力特殊器官能够探测蝙蝠发出的50千赫到70千赫之间的回声定位信号，这些信号预示着蝙蝠来捕猎它们了。（一些不能发声的昆虫，比如山松甲虫，尽管它们可能感知到从地面、空气、树木和其他的植被中传过来的一些震动，但是它们完全听不到。）

62

一般来说，爬行动物有鼓膜。鼓膜或直接长在皮肤表面，或稍微凹进去，它直接和中耳相连接，因此能够把震动传送到内耳，然后再传送到大脑。鳄鱼发出、收听很低频率的声音，这种所谓的次声是由它们半淹没的身体探测到的。像爬行动物一样，青蛙通过位于眼睛下面的外在鼓膜感知声音。和很多其他的爬行动物一样，它们很有可能感知地面和水里的震动。很多次，当我试图悄悄接近池塘边时，坐在木头上的青蛙会探测出这种移动，或者是通过视觉，或者是我往前移动的脚步引起的地面共振，总之，青蛙会迅速消失到水里或者池塘边的草丛里。

猫头鹰拥有高度发达的听力和声音处理技能，这些是猫头鹰借助声音在昏暗的灯光下和密集的栖息地寻找猎物的必要技能，除了猫头鹰，其他鸟儿没有明显的耳朵。但是它们的头部确有耳朵眼，位于眼睛的下方，被羽毛遮盖着。这很合乎情理：风的噪音（在飞行中或甚至在休息的时候）能够干扰接收，羽毛能够帮助缓解这个问题。实际上，大多数鸟的听力和人类在同一个频率范围之内，但是它们处理声音的方式是按照同类动物歌声、叫声的错综复杂情况来调整的。

63 关于动物处理声音的方式这一个主题可以写好几本书了。有一种囊袋鼠，喜欢在我们的植物公园地下打洞，慢慢咀嚼有机植物的细嫩树根。猫那带有肉垫的脚步声或在地面上到处寻找时快速摇摆尾巴发出的嗖嗖声根本不会引起它们的主意——但是地面上 1.7 米的鼠蛇，蜿蜒曲折移动发出的震动声，囊袋鼠绝对会做出反应。雄鹿、雌鹿和它们的两个幼鹿每天晚上会沿着道路吃草，对于我们缓缓驶过的汽车无动于衷。但是如果我是步行，从 90 米远的地方慢慢靠近，它们就会迅速逃向树林，不见踪影。尽管这是一片禁捕区域，但是它们的声音基因里一定有什么东西会给它们发出信号，“步行的人类意味着重大危险”，但是汽车通行的声音就是可靠的——只要不停下产生的影响就很小或者根本没什么影响。

发出超声波的蝙蝠和齿鲸，海豚、虎鲸和抹香鲸，习惯发出或者接收和回声定位相关的信息。这些从 18 千赫到最大 200 千赫尖锐声音的爆发，可以提供成像。和医学领域里的超声波扫描仪器不一样，一些生物可以接收非常详细的物体声音成像，所以它们能够区分水下 23 米深的两枚 25 美分硬币，哪个是木头造的，哪个是塑料造的。

生理系统进化到能够接收声音只是听力过程的第一步。接下来，生物体必须能够把接收到的信号解读成有用的信息——声音敏感生物的生命取决于解读复杂声音信息的细微差别，这样能够决定周围是安 64 全或是危险迫在眉睫。

像所有借助声音生存的生物一样，我们人类也会收到一系列信号。其中一些含有用的信息，我们称之为信号；另外一些是我们不需要或者和我们不相关的信息片段，我们称之为噪音。当然我们耳朵能够听到的大多数声音既有噪音也有信号。习惯了工业社会的我们没有倾听狂野自然世界的经验，所以我们容易错过一些信号，它们能够告诉我们在听力能够达到的范围内发生的事情。如果我们知道了如何去解读那些声音叙事的准确信号，那么我们就可能更好地感知每一个栖息地的动态能力，尽管有时候，有些信号一点儿也不微妙。

我们大多数人把听到的蟋蟀、蝈蝈儿、青蛙或者很多种的昆虫归为刺耳的声音或者是嘈杂的噪音。在这些声音堆里面要想过滤出有用的信息会更难。但是当你近距离倾听时，你开始从产生声音的生物那里辨别大量的数据。当夏天的晚上邻居家的孩子来玩时，我喜欢和他们玩一种游戏。“有人知道蟋蟀是如何告诉我们温度的吗？”我会问。

摩擦发声的节奏或者给定时间内的脉冲数量是基于周围的温度，它会影响冷血蟋蟀的温度。当我们开始更加仔细地倾听时，大多数人都意识到当天气由热转凉时，蟋蟀产生的脉冲并不是同步的。蟋蟀通过摩擦翅膀发出声音，和我之前描述过的唱歌蚂蚁一样。蟋蟀的一个翅膀有摩擦器，另一个有弦器。蟋蟀啁啾的时间是不连贯的，因为地面温度变化多端。阴凉的区域比太阳直晒的地方更凉快，蟋蟀在凉爽地区啁啾的频率比起高温地区的就会低一些。最终，当夜晚来临时，地面的温度均衡，所有的蟋蟀会同时摩擦翅膀，形成完美同步。

65

实际上你可以通过数一数某个特定蟋蟀啁啾的次数确定温度。比如，你可以数一数 15 秒之内蟋蟀发出的啁啾次数，然后在这个数字上加上 40 就让温度从摄氏变成了华氏。其他物种有不同的计算方程式，方式也同样简单。比如，根据不同的物种，你可以把 15 秒内的脉冲数量加上一个固定的数字。

卢旺达任务后的几年里，音景委员会派我到澳大利亚和南厄瓜多尔，在那里我仍然可以接触到古老的皮坚加加拉栖息地（Pitjantjatjara's）和黑瓦洛栖息地（Jivaro's）的音景，皮坚加加拉人生活在澳大利亚中部的沙漠里，对一个外来者来说那里是平坦、无差异的地域。和声音线索相比，有些人更依赖视觉线索。但是很大程度上皮坚加加拉人的世界被生物声的声音所描绘，尤其是声学可以帮助他们辨认方向。“沿着这条路一直走到你能一直听到绿色蚂蚁唱歌，当它们的歌声结束时，朝着另一个声音走去，直到达到你想去的地方。”皮坚加加拉人奔走的方向至少部分可以是被音景里面的变化引导的。

黑瓦洛（Jivaro）人生活在亚马孙平原，称自己为舒瓦（Shuar），听到的自然声语言和皮坚加加拉语有很大的不同。两种音景截然不同：在皮坚加加拉，除了最微妙的风、土和非常偶然的一种生物等特征之外，音景是让人难以忘怀的平静。黑瓦洛集体生物群落是地球上最丰富的声学环境之一，某种程度上它从来都不缺生物。作为曾经的猎头者[*]，黑瓦洛强烈地反抗西方人，包括从16世纪西班牙征服者[**]到20世纪的传教士。1599年黑瓦洛消灭了西班牙一个多达20000人的城市，黑瓦洛以其凶猛闻名，被称作能驱逐伊比利亚半岛[***]入侵者的唯一南美部落。对于获取的敌人的头颅，按其大小，会重复多次重新排列，这种行为一直持续到20世纪60年代。

66

* Headhunter: 猎头者，割取敌人头颅作为战利品的部落成员。——译者注

** Conquistadore: 西班牙征服者，16世纪前往美洲并占领墨西哥和秘鲁。——译者注

*** Iberian：伊比利亚半岛，与西班牙和葡萄牙相关的伊比利亚半岛。——译者注

和其他那些住在偏远角落的部落一样，两个栖息地和自然音景的联系在快速变化着，其中原因是和工业文化的接触变得越来越频繁和不可阻挡。但是在我唯一一次拜访中，在黑瓦洛融入到现金经济社会之前，我获准陪同一组人去进行一次很珍贵的夜晚捕猎。很快，我发现他们是通过茂密的地面植被来寻找方向，根本不需要火炬或者夜晚天空星月提供的清晰视野，其准确性让人震惊，他们能够追踪看不见的动物，借助有最细微差别的昆虫和青蛙的声音来辨别方向。

他们还允许我这个“外来人”体验他们的神圣歌曲和舞蹈。几把长笛和一种雨声器，他们的音乐和周围世界的声音有一种很强的联系，经常受森林白天和夜晚环境频繁变换的“心情”驱使。讲一个具体的实例，在下午雷暴之前那一刻，音乐情感变得非常忧郁而又在预料之中。飑过后不久，森林的声音开始变大，变得有活力，整个表演以一种更欢快的主题和曲调重新开始。模拟着环境情绪，节奏更快，感情也更丰富。不管是乐器演奏的音乐，还是歌声，或是舞蹈配乐，都从树林里的信号获得了巨大灵感。

67

我一直试图寻找一个简单词语定义野生地动物的声音。可是在人类的噪音领域，每一种表达都似乎过于晦涩、难懂，专业术语更是迟钝，比如“人为噪音”这样的短语，难以找到合适的。后来，偶然间我想到一个希腊前缀和后缀，说得很恰当：前缀 bio 意思是“生命”，后缀 phon 意思是“声音”，合起来 biophony 意思是“生物声”。

除了嵌在音景中的声波信号之外，作为一个整体的生物声能够提供一个栖息地健康状况的宝贵信息。在一个未受打扰的自然环境，不同季节、一天之内不同时间段、不同气候条件，音景丰富性和内容也各不相同。一个特定地点独有的那些有机元素和非生物元素在一种微妙的平衡中工作，从声音上定义每一个栖息地，就像我们每一个人有自己的声音、口音和讲话方式一样。

68 20多年前，我曾经向一位在一家大型木材公司工作的生物学家询问，考虑到他的公司已经获得了租赁许可证可以选择性地砍伐公共森林，所以我向他咨询我能否获得在内华达山脉“森林管理区”录制声音的许可。地点在距离旧金山东部三个半小时，位于尤巴通道的林肯牧场。整个牧场被一条小溪一分为二，林肯牧场大概有1000米长，400米宽。牧场四周被黄松、黑松、红冷杉、白冷杉和格拉斯式杉包围。春天，在那里能够听到很多种青蛙声。那是一个美妙且富有共鸣的地方。各地举行的地方会议上，生物学家和他的助手们向社区保证公司新选择的伐木方法——保证在各处只砍伐寥寥一些树，那些健康的、苍老的、还在生长的绝大多数红杉会依然矗立——不会对栖息地造成不利的影响。我希望可以参观该地点并录制伐木前后的声音。

69 在该公司的庇护下，1988年夏至期间，我在牧场搭起了我的录音系统，录制了一套精美的由各种生物源表达的黎明音景，图1是在此地录制的一段长达22秒的音景片段的图解说明。（我的一个研究生看过后说，林肯牧场的谱图让她想起了树林的抽象油画。）第一个

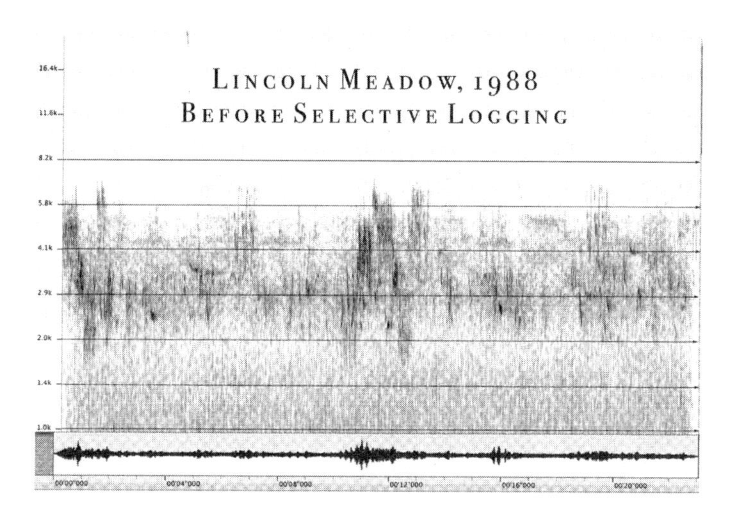

图 1　林肯牧场，1988

录制材料中有威廉森氏吸汁啄木鸟*、刀翎鹑**、小麻雀、白冠雀、林肯雀、红玉冠戴菊鸟和数不清的昆虫。请注意一下插图中的密度。

伐木作业结束一年后，我在同一天、同一时间、同样天气情况下返回林肯牧场再次录制（1988 年到 1989 年的冬天降水记录和前一年的很相似）。抵达时，我很高兴看到那儿几乎没什么变化。但是，当我按下录制键那刻起，很明显过去那个曾经声音浑厚的牧场已经消失不

* 威廉森氏吸汁啄木鸟主要栖息在落基山脉的西侧，体长 23 厘米。雌雄威廉森氏吸汁啄木鸟均呈褐色，两侧有白色带纹。它们把巢穴建在树干或树桩的洞中。——译者注

** 刀翎鹑，又名高山鹑，是美国唯一一种仅本土才有的鹌鹑。体长 25—45 厘米，体重 0.5—1.5 千克，大小和乌骨鸡差不多，是西半球最大的鹑类。雄性呈蓝灰色，雌性呈淡褐色，最独特的生理特征是雄性的喙部生有两根修长的羽毛，好像插着两把尖刀，刀翎鹑的名字便由此得来。——译者注

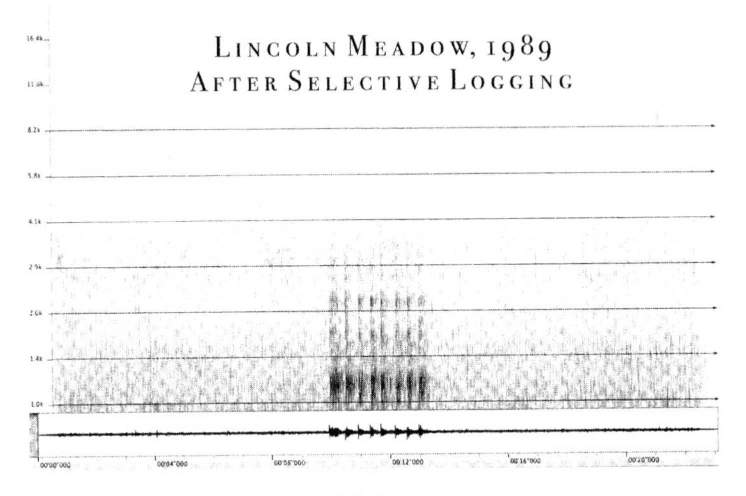

图 2　林肯牧场，1989

见了。一起消失的还有鸟类密度和多样性。除此之外，前一年的整体的丰富性也消失不见了。唯一明显的留存声音就是威廉森氏吸汁啄木鸟发出的连续不断的击打声。我从牧场边缘走回到树林里步行了几百米。显而易见，伐木公司在牧场的视线之外留下了满目疮痍，露出大片光秃秃的地皮。虽然准确地说不是轮廓鲜明，但是砍伐的树木数量还是比事先承诺的要多。图 2 中，流线由横截面的水平浅灰色截面表示，啄木鸟是图中垂直线形成的原因。过去 20 年里，我在同一时间去同一地点 10 余次，但是伐木之前捕捉到的生物声的生命力一去不复返了。

对于很容易上当受骗的人类肉眼——或者通过摄像机或者摄影机

镜头——即使是现在，林肯牧场从牧场的狭义角度上看还是野生的，未曾改变的。根据在那不及一秒的短暂时间我们想捕捉什么，利用一张照片我们几乎可以在任何背景下设计一次拍摄，效果可以是从敬畏到恐怖。剧照* 能够美化单一动物的特写镜头，忽视动物们茁壮成长所需要的复杂群落的缺失，因此是一种被包容的失真。

但是用一种校准和综合的方式录制下的哪怕一次简短的、没有编辑的声音，它也不会骗人。野生音景里充满了各种细节。一张图片胜过千言万语，一条自然音景则胜过千张图片。图片是二维的时间片段——事件受可用光线、阴影和镜头范围限制。如果方法恰当，音景录制应该是三维的，带有空间和深度的印象，随着时间的推移，能够体现多层次进行着的故事里的最小特征，这是单单视觉所不能捕捉的。一只调整好的耳朵和对较大照片里细节的关注会揭露任何的欺骗。 71

在海洋环境里，珊瑚礁会告诉我们一个和牧场相同的故事。前一段时间，我去斐济的瓦努阿岛，录制还能够衍生和保护大量生物的活珊瑚。在一次不寻常的发现中，我碰巧遇到一片延伸很远的珊瑚，几乎 800 米长（既包含活着的也包含死去的部分）。我从船边往水里丢了一个水听器，捕捉仍然有旺盛生命力的那一部分，我听到、录制到了各种各样的令人惊叹的鱼和甲壳类动物，包含银莲花、鹦嘴鱼、细条天竺鲷、小丑鱼、濑鱼、河豚、梅鲷、羊鱼、蝴蝶鱼和几十种其他的生物。图 3 展现了大密度、健康珊瑚栖息地的一段长达 10 秒的 72

* 剧照是电视剧、电影或舞台剧等所拍摄的一种宣传照片。——译者注

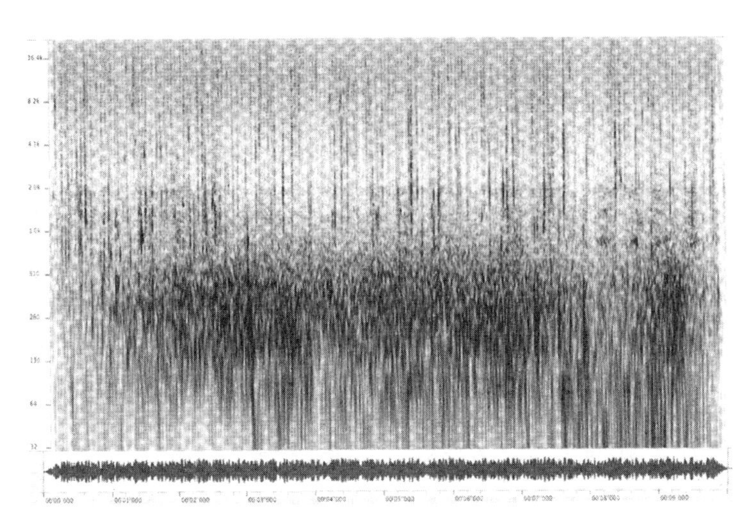

图 3　斐济瓦努阿岛活珊瑚礁音景

声音（声音讲述了一个比任何语言描述得都要清楚的故事）。在图 3 中，表面波浪产生的噪音在 1 千赫以下，所有的生物声音在 1 千赫以上。

图 4 展示了同一个珊瑚礁接近死亡且遭受严重压力的音景。依然可以看到波浪产生的噪音在 1 千赫以下，但是几乎所有的鱼的声音都不见了，只有少数的鼓虾还存留在这片海洋生物声里。水温逐渐变暖、不断改变的 pH 值和污染等造成了珊瑚礁死亡以及由此引起的声波消失。

当以季节、气候和白天 / 夜晚的具体时间为参照物来测量时，密度和多样性是基本生物声指标。如果我们能够为校准到已知和可重复

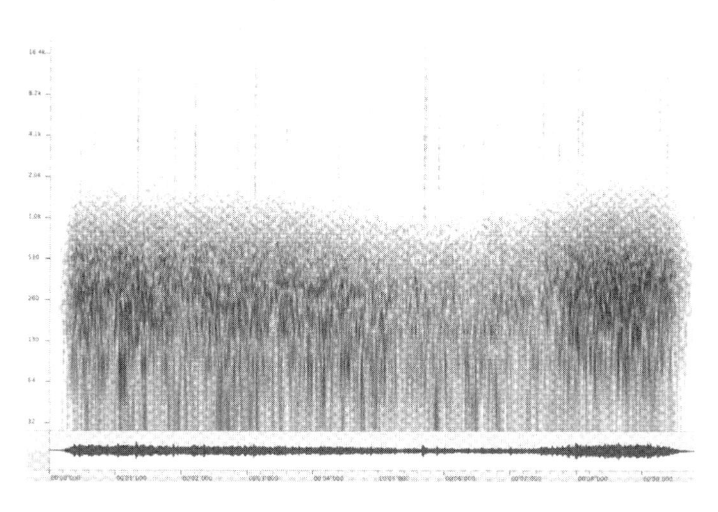

图 4 奄奄一息的珊瑚礁音景

标准的环境确立基线记录——就像我在林肯牧场和斐济珊瑚礁所做的——那么收集到的录制信息就会成为一个收集品，根据这些可以准确地衡量未来的录制。考虑未来的录制能有参照物，每一次我总是小心翼翼地录制。

73

如果操作恰当，这些录制就会让我们在一系列改变的环境中决定一个可预期的声学范围，并且可以检测生物密集度和多样性。比如，在春末某个晴朗的黎明，一个遥远的、接近原始的温和树林栖息地里，我们能够期待听到什么合理的音景？如果我们连续录制一星期——假设植物群和周围地貌还没有被改变——我们会有一个很好的答案。

我所描述的整个栖息地录制的种类展示了生物群落的状态，人为的干预比如伐木或者采矿、气候变化或者自然现象等导致了生态学的转变。我们能做一些有效的对比——假设我们已经收集到了数据，音频长度是 10 秒的快照。和树的年轮一样，这些录制材料可以当作多层次的生物历史标记。若自然周期、灾害或者人类干预引起的毁灭行为发生的话，这些事件就通过生物声的变化快速且强烈地表达出来。非人类动物会尽力重新校准它们的声音，适应改变了的环境。这样产生的谱图或会展示更低的密度和多样性，或看上去更加混乱——换句话说，充满了不相关信息或竞争信息，如果还留下什么声音的话。声音之间的不同也所剩无几了。

74

水、食物、气候、植被、土壤状况、季节和海拔高度都影响动物声音。这些因素综合起来会决定生活在一个特定生物群落的生物累计数（它的密度）、存在的种类数量（它的多样性）、地貌的地质学特征，以及发声的具体质量、生物声的特色——对于人类和非人类耳朵来说，实际听到的声音。

热带雨林并不是我们大多数人认为的地处热带。热带雨林有很多种。从热带到太平洋海岸都有热带雨林。植被茂密有宽叶的，有树干挺直的。凤梨科植物、附生植物、腐生植物、兰花、无花果树、食虫植物和数不清的动物种类，构成了生活在热带大概 3000 万的动植物，每年热带的降雨量大概有 400 厘米。温带或者亚北极区，每年的降水量大概有 200 厘米的地区也存在热带雨林，即使在更温暖的季节，植被和动物生命也很稀少。但是一些动物，比如狼、狐狸、熊和其他一些沿海地区的鸟类，倒是那里的常住客，它们大多数都遵循什么时候哪里会有大量的食物就什么时候迁移到哪里去的迁徙原则。这些地区的热带雨林的植物以云杉、雪松、铁杉、花旗松、林下叶层、蕨类植物、浆果、荨麻（温带）和苔原带为主。这类热带雨林和靠近赤道的热带雨林有很明显的不同。首先，赤道和阿拉斯加东南部地区热带雨 75 林的声音不同。它们虽然都是热带雨林，但是在赤道地区青蛙和昆虫的种类差异远远超过想象。赤道地区热带雨林的生物往往是一年到头住在那里，而在北温带的热带雨林只会在春季和夏季出现叫声，而且是那种更短暂、迁移的、季节性的叫声。动物声在冬季相对轻。

若是把热带雨林和一个沙漠生物群落作对比，最显著的不同在于它们声音质量不同。热带雨林的湿度高，地面以及附在植被上的水分充分，热带雨林更像混响栖息地。相反，沙漠生物群落缺乏湿气，也没有什么东西反弹声音，因此沙漠生物群落易快速吸收声音。在热带雨林里易听到瀑布和暴风雨的声音，沙漠中则更可能听到风声或偶尔的沙丘“歌唱”，虽然偶尔也会有凶猛的雷声和雨声。在生命密度和多样性上，热带雨林和沙漠没有什么可比性。赤道附近的热带雨林大多是由地球上密度高的生物群落构成，但是沙漠和两极地区——北极和南极——都是由密度最低的生物群落构成。

苔原带栖息地基本上是无树的平原，是最寒冷的栖息地。虽然有很多的水源，但是降水量相对少，植被也很稀少，主要有低洼的灌木、低草、苔草、苔藓、欧龙牙草，以及上百种不同的花。动物的密度和多样性也偏低。地面很柔软，像垫子一样，但是比垫子软。地下就是 76 一层永久冻土——永久地被冻住，属于非繁育型土壤。苔原带的音质和沙漠的很相似，时不时地你会听到北极狐或北极狼、田鼠、野兔、熊、大角羊和松鼠的声音。一年中的特定时间段，多数是迁徙期间，你会一次看见成千上万的驯鹿。如果你碰巧靠近它们行进中的一条道路，除了那牛一样的哼哼声之外，你还会听到它们踝关节腱清脆的响声，都是很有特色的声音信号。除此之外，那里也有很多鸟，但是你能否听到寻常的极北朱顶雀、美洲知更鸟、树雀、白冠雀、稀树草鹀、雷鸟、乌鸦、矶鹞、小黄脚鹬、刺嘴莺、燕鸥和灰鹬完全取决于你所在的位置。在多风的音景环境里，野生动物分布辽阔。所以，当声波构造整体上很强时，生物声质地会极其柔和。

但是生物声不仅仅因地点不同而不同，时间也扮演着一个非常重要的角色。虽然哪里有野生生物，哪里就总有表演发生，但是在那些有着明显白天和夜晚区分的地方，容易产生一种接近动态的生物声平衡。我和妻子住在北半球太平洋东部 64 千米处。我们的生物群落是由 300 米以下的丘陵、橡木和小槲树景观组成。从 3 月末到 10 月末，几乎没有什么雨水——但是过去的 15 年里，气候开始发生变化。常规雨季，大概有 79 厘米的降水。一年的 3 月到 7 月中旬，生物声会有规律地循环：黎明和黄昏时声音大（称之为黎明合唱团和傍晚合唱团）。据我估计，若用 1 至 10 来描述生物声的活跃度，10 代表听到过的最活跃的生物声，那么从太阳升起到之后半小时内是 10。傍晚合唱团，从日落之前半小时到太阳刚落下地平线以后是 8。白天的生物声在黎明和傍晚合唱团之间，大概是 5 至 6 之间。黄昏之后的傍晚，考虑到当地树蛙和昆虫的混合，活跃度大概是 4 至 5 之间。在凌晨和第一束光线照入之前基本徘徊在非常放松和有柔软质感的 3——睡觉的最佳声音。

77

整个夏天，尤其在8月初的时候，虽然鸟儿们仍然在周围，但是它们变得非常安静。傍晚和深夜，蟋蟀的声音就成了最主要的声源——有时非常强烈，就像春天黎明的合唱声音一样大。这些蟋蟀合唱团会一直延续到12月，雨水变得频繁起来，它们的声音才会在身材娇小的太平洋树蛙那嘹亮的声音中暗淡下去，提示人们隆冬和晚冬到了，可以期待早春头批鸟儿们的活动了，这个时候循环又再次开始了。

地球上所有的生物群落，不管是城市、乡村还是自然，都是用这些类型的特定的音序和模式表达自我。气候变化可能是生物声模式发生快速转化的一个原因。也许还有其他因素，比如早期两极磁性变化USGS指标（它有别于磁场倒转）。在写这本书时，有报道称两极近期正在移动。虽然后果不会立刻呈现，但是如果移动是真的，单单这一现象可能已经在影响着生物的生存模式。在过去几十年受人为影响而变得让人忧虑的安静，这种现象已经越来越明显。

78

过去40年里我多次回访且多次录制的地方尤其明显。我最喜欢的一个录制地点是在怀俄明杰克逊·霍尔小镇附近的一个安静又易接近的地点，从我开始观察一直到20世纪90年代，生物声保持得相对稳定——鸟类混杂，包括啭鸣的绿鹃、刺嘴莺、白冠雀、威尔森刺嘴莺、莺鹪鹩和暗鹟。直到2009年，我回到现场取样时，音景发生了根本改变。春季提前了数周，鸟类组合现在由隐居鸫、斯文森画眉鸟、燕八哥、蜡嘴鸟、黄腰黄喉林莺、暗眼灯草鹀*、褐斑翅雀鹀和白冠雀

* 是一种小型灰色美国麻雀。这种鸟生活范围为北美洲大部分温带地区，夏季可达北极。这是一个非常易变的物种。——译者注

组成——一个很不同的组合。我不知道这些变化意味着什么。美国鸟类生物学家在别处也发现了相似的变化。在非洲和阿拉斯加东南部鸟类、哺乳类和昆虫的组成比例发生变化，生物学家在观察乞力马扎罗山加速融化的冰川、冰川湾和珊瑚礁附近的生物群落时也注意到了类似变化。

一个生物群落生物多样性的主要特征就是极端微妙的平衡。健康栖息地的生物声基本在某个可预期的范围内减少，这意味着既定区域的季节性气候和景观的相对稳定性范围，能在那里健康生长的生物则体现了物种的预期数量和整体数量。我们注意到“只要生物声是连贯的，或者如一些生物学家认为的处在一系列的动态平衡中”，录音资料里产生的声学谱图就能展示所有做出贡献的声音之间的明显区别。当一个生物群落受到损害时，谱图会失去密度、多样性，声音里清晰的频宽也会模糊，这在没有压力的栖息地图形中是极为少见的。那些有压力、濒临灭绝或者改变了的生物群落产生的生物声只能表现出很少的声学结构。

当栖息地发生改变时，动物们不得不重新调整。一些动物可能会消失，使部分声学结构丧失；而那些存留下来的也不得不改变它们的声音去适应地貌声学特征的改变，而地貌声学的改变可能是由伐木、火灾、洪水和昆虫为患或者是栖息地里非生物组成部分的改变引起的。所有的这些改变意味着在一个音景里进化的自然沟通系统损坏了，在生物声音再次在合唱团里为找到自己位置之前都变成了噪音。而这个寻找过程可能需要几个星期、几个月，某些情况下甚至需要几年。上次在林肯牧场的经历证明即使是在经过了将近 25 年的恢复期后，动物声音依然保持相对安静，密度小，多样性明显减少。

近距离倾听旷野栖息地的音景，你能立即听到来自三个声源的声音：非生物自然声——综合环境声音；来自非人类、非驯养的动物声——生物声；人类产生的声音——人工声音。直到千禧年之交，生物学聚焦的领域仍然是个体生物体的单一抽象声音。对大多数生物学 80 家来说，他们从来没有考虑通过倾听和学习整个声学群体评估整个生物群落的健康。但是当我收集的音频资料面市时，人们发现群体声音的重要性，它所包含的多重意义。

音景里有多重叙事——揭开了长久以来的秘密。洛伦·艾斯利提醒我们：作家成为作家之前都是读者。对于我来说，生物声总能带来最激动人心的惊喜。 81

第四章　生物声：原乐团

20 世纪 80 年代初，我拿到博士学位后不久，一位在加州科学院展览设计部工作的朋友打电话问我是否有兴趣与他合作重新创建一个非洲水洞音景。在动物声音录制行业，这可是一次不寻常的要求，因为大多数的展示模型还是 30 年前那种按一个键听一个声的类型。在此种情况下，设计师必须设计一个更全面的整体演示方法——不同寻常的单物种列表。凯文·法雷尔是一位很有远见的设计师，他想象了一个以全体动物为特色的水洞音景，没有隔离动物和游客的玻璃，把画面直接透视到大厅——这对于已经存在了一个多世纪的博物馆设计模式来说是一个巨大的改变。音效有 15 分钟，会在 24 小时内循环播放，配有灯光效果。

82

法雷尔非同寻常的想法意味着规划和执行一个比我先前考虑过的更全面的现场方法。无论在陆地还是水上的野外工作，这是我经历过的最集中的、最长期的、最遥远的野外探险。带着各种各样的设备试验了一个多月后，除了几个不熟悉录制立体声自然音景细节的录音师之外，根本找不到可以商量的人了。最后我决定带一组立体声麦克风和一个经常被用来录制室内管弦乐表演的便携式录音机。肯尼亚的朋友给我介绍了一位耐心又消息灵通的向导，他帮助我们安排捕捉音景所需的旅行。这是我资料库里第一套录制全天 24 小时的自然音景，收集了黎明、白天、黄昏、夜晚的合唱和单一物种声音。

大约实地考察后的一个星期在马赛马拉的统领营地，我搭好自己的设备，开始从周边原始森林收集丰富的自然声——早期人类可能遇到的一种典型现象。营地里的发电机关闭之后，员工休息了，除了森林本身的声音，四周终于安静下来。如果马赛马拉的声音到处都是这般如此绚丽，我意识到我需要节约我携带的有限胶带，且用半速录制，这样的话一卷可以录制 45 分钟，而不是惯常的 22 分钟，即使这样做不得不小幅降低录音质量。毫无疑问，我的精疲力尽增强了动物声音的壮丽感。我觉得我产生了幻觉。静静的夜空中，声音的变化就如飘荡着的莫比乌斯带（möbius strips），被昆虫的悸动节奏所控制。

83

我把麦克风架在了河边帐篷外的三脚架上。我戴着耳机在睡袋里安顿下来。我不在乎我的电池是不是会用尽——我只希望借着黎明之前的柔和背景声催自己入眠。处于半飘浮状态——介于有意识的幸福小憩和完全无意识的深度睡眠之间，我第一次遇到这种透明的生物声，不仅是唱诗班一样美丽而且是一次有凝聚力的声音事件。不再是刺耳嘈杂的声音，它变成了各种声音的分隔收集——仿佛昆虫、斑点鬣狗、鹰鸮、林枭、大象、蹄兔、远处狮子和成群的树蛙与蟾蜍精心策划的音乐。每一种不同的声音似乎都在声音频带内找到了自己的合适位置——每一种声音都被小心翼翼地放置，不禁让我想起了莫扎特构建的优美的《C 大调第四十一号交响曲》（K.551）。伍迪·艾伦曾经提到过《C 大调第四十一号交响曲》证明了神的存在。那天晚上，倾听着我所听过的最栩栩如生的音景，我以最近的距离接近了传说。

我计划这次长途生物声任务是在两个星期内完成约 15 小时的录制。在磁带机的正常运转下，完成此任务意味着携带 45 个卷轴，每个重 0.5 千克，除此之外还有 3 套 12 个 D 型电池[*]。我已经决定用半速录制，如果我能承担携带额外的电池和包装盒子，此次录制可以再多拿 100 多个卷轴。在回程的航班上，依靠剩余电量我迫不及待地回顾在肯尼亚地面采集的壮观的各种音频素材。在这行很多时候靠运气，所以当时我简直无法相信我所捕捉到的录音质量，同时又因没有足够时间完成更多的录制而感到失望。一想到我所听到的实际上能被可视化，就感到异常激动，或许有一天我还能回来，想到这些我才觉得不那么沮丧了。

84

返回到旧金山的实验室，第一个任务就是把录制的样本转换成声谱图——显示时间和频率的声音图形，其中时间是 x 轴（横轴）从左到右，频率是 y 轴（纵轴）从低到高。当我回放了我的音频磁带，看了相关的声谱图，我内心更加期待最终效果。

当黑白摄影作品在冲洗中慢慢地呈现在照片纸上时，清晰的模式从打印机中显现出来，这是我录制的音频序列。音景结构展示了其独特形状，和现代的音乐记谱法相似——蝙蝠在最高频率范围内发声，昆虫在中间，蹄兔和鬣狗稍低一点，大象则处在生物声乐谱最低的位

* 大小和中国的 1 号电池相近。——译者注

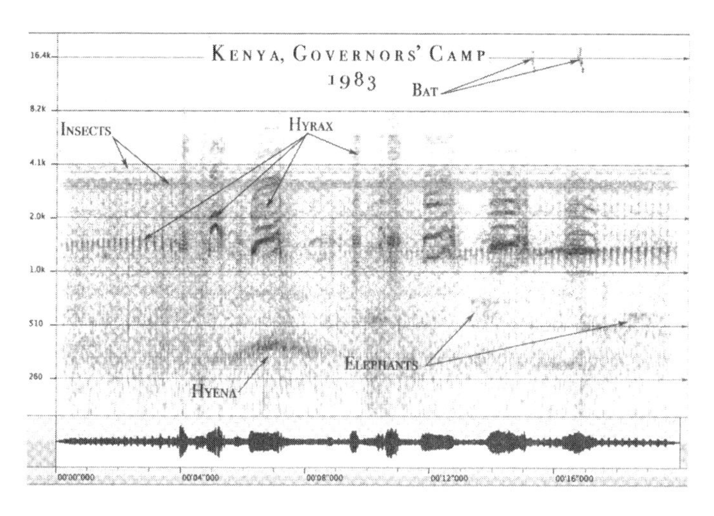

图 5　马赛马拉黎明前

置。每一个动物的表现都很独特。蝙蝠是定位回声，发出简短高频声音脉冲，体现在图 5 上层右侧两条尖锐的谱线上。此刻的独奏者蹄兔听上去就像一个发条玩具——一阵越来越慢的摩擦声，紧跟其后的是又高又气喘吁吁的尖叫声，它的声音在整个页面的中间显示，从左手边开始。一旦完成了一个乐句，蹄兔会从头再重复一遍。远处的鬣狗在森林里找到了一个像回音室一样的地方——很可能是一个水洞——产生回响，用不同于其他动物的方式参与音景。

85

从肯尼亚回来打印出第一批声谱图之前，我想过自然声会是一个混乱的随意表达。我们所学的简化的单一物种方法告诉我们，小心地把单一物种声音从衔接语境中抽离出来，努力从自然世界中提取的声音中派生意义。大多数的国际生物声学生态群落都是同样的感受，因为存放在诸如大英图书馆的野生动物声音和康奈尔鸟类实验室的麦考利图书馆收藏室的鸟类和哺乳动物的声音作品集证实了这一点。但是肯尼亚之行之后，我开始更仔细地寻找新的声学软件。自然音景中的声学结构模式变得过于明显以至于无法忽视。

86

根据第一次任务的录音效果，无论是1983年肯尼亚哪一个栖息地，无论录音是在白天还是夜晚完成的，小环境分化显然在页面上出现了。昆虫为每一种声音搭建了舞台，一些是通过不间断的无人机建立的，无人机会白天黑夜不间断地出声；另一些是通过设置节奏模型。每一种鸟似乎都有自己的声音。哺乳动物填满了小环境，爬行动物和两栖动物也是如此。在马赛马拉那晚之前，所有的一切对于我的耳朵都是杂乱无章的。但是现在，某些特定模式变得清楚了。

我第一次看见的音景光谱影像是20世纪80年代由很原始的设备复制出来的，这让我想到了威廉·特纳后期的海景画。19世纪早期英国浪漫主义艺术家的印象只有一半的细节，逗弄和吸引我们看神秘现实，让人浮想联翩。即使那时我也不敢把声谱图想象成当代的图文音乐乐谱，如图6。

发现一个非洲的有序音景是让人震惊又意料之外的，手握70个录音、声谱图和其他证明材料，我感受到了业余天文学家的狂喜。我忍不住要去和加利福尼亚研究院的同事分享我的发现。但是不幸的是群体声音的想法立即遭到了摒弃。我的上级表达得非常清楚：派我去非洲是为了收集展览用的音景，而不是提出新的设想。虽然我很失望，但是绝对没有就此放弃。我知道我听到的和看到的，我确定它们

87

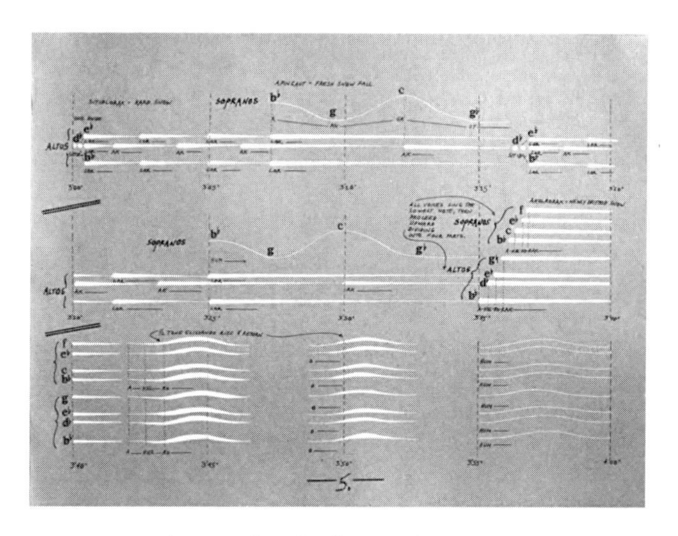

图 6　穆里·谢弗尔《雪》曲谱第 5 页，儿童合唱
（1983 年阿卡纳版本，经许可后使用）

非常重要。

慢慢地，越来越多的工作证实了生物在不同的亲缘关系之间发声不同这一想法，尤其是在越久、越稳定的栖息地里更是如此。我录过的每个亚热带或者热带的原始栖息地都证实了划分模型。加州大学圣克鲁兹分校的肯·诺里斯也对这方面感兴趣，鼓励我更加全面地研究。通过参与会议辩论，在他出席的各种论坛上发表演讲，帮助这个概念最终站稳了脚跟。 88

因为我的工作获得了更多的支持，我得以继续研究自然音景的内容。当然，不管学者们要接受一个与他们之前大相径庭的想法需要多长时间，事实证明自在我们祖先开始捕猎和觅食时，人类群体可能已经理解了自然声音是如何分层的。这种正确解读生物声内部线索的本领对我们的生存至关重要，犹如我们其他的感官接收到的线索一样。在视线受密度或黑暗限制的最茂密的植物中，通过细微的自然声音纹理，我们跟踪猎物，决定它行走的位置和方向，模仿那些既有实际意义又有象征意义的声音。居住在森林的群体理解这些信号并在上个冰河世纪消退之前很久就已经学会利用它们。在那个时代，“阅读”自然音景就像依循烹饪书里的食谱、路线图里的路线一样理所应当。

听说我在非洲的工作之后，《国家地理》摄影师迈克尔·“尼克”·尼科尔斯受《国家地理》杂志和“光圈基金会”[*]的委托，主动联系了其他媒体发布这次旅行中得到的音频。1987年，他曾在卢旺达拍摄了大型类人猿和山地大猩猩。他第二次去卡里索凯——之前提过的戴安·弗西营地——尼克邀请我和他一起共同录制维龙加国家公园音景和大猩猩们曾经生活的生物群落。这些音景也相应地成为了他受光圈基金会赞助的摄影旅行图片展览的一部分。

89

在这次实地考察中，我从尼克那里得知他拍摄过的其他地方都没有被收录过声音。我强烈地认为捕捉那里的音频也很重要。由于没能从学院或者公司那里获得足够的资金资助，我卖掉了一些私人物品，并用旧金山的公寓抵押获得的贷款开始进行录制。一开始在贡贝（Gombe）——坦桑尼亚坦噶尼喀湖东北部海岸珍妮·古道尔的研究

* Aperture Foundation：光圈基金会，1952年，艺术文化市场经营惨淡，光圈基金会秉持独立、专业的影像理念宣告成立。在此后的60年间，“光圈”不断发展壮大，除备受瞩目的《光圈》摄影杂志，还出版图书、办比赛、开画廊，组织了众多在摄影行业有重要意义的活动。——译者注

营地，后来又去了婆罗洲理基营[*]的比鲁捷·高尔迪科斯场。

现场其他研究人员——每一个现场研究员都集中在一个很狭窄的题目上——对他们研究的动物视觉方面的关注度都很高。对于那些工作范围涉及声音所有层面的研究者，生物声——在很多情况下，即使是单个物种的声音——都被完全忽视了。我很快意识到自然音景是多么地变化多端、丰富多彩。

当我的论文吸引越来越多的人时，我不用再仅依赖自己的有限资源，也不用被频繁地派到不同地方为博物馆展览设施收集声音。那些冒险经历让我进一步验证和完善了我的观点，带回来的不仅仅是只有有限用途的现场录音集合。

在婆罗洲——世界第三大岛——一艘小河船载着我们驶离印度尼西亚城市庞卡兰布翁约 80 千米，来到理基营进行为期两天的慢游。我和露丝·哈佩尔下了船，走在回小屋的路上，我们听到了百眼雉的叫声。不一会儿，我低头发现地面上有一根百眼雉的大羽毛，这是我看过的最漂亮的羽毛。此鸟得名百眼雉是因为它的羽毛带有像眼睛的图案——词源学上指的是希腊神话里的百眼巨人阿耳忒斯。有的羽毛长度超过一米，主轴是迷人的黄棕色圆形图案。“眼睛”周围突出白色，被完美雕刻的科尔衬装饰起来，和我们的虎斑猫的眼睛没什么不同。 90

下午三点左右，树林里充满了昆虫、咬鹃、燕尾、噪鹛、翠鸟、

* Camp Leakey：理基营，以人类学家 Leakey 命名的营地，位于印尼属婆罗洲的丹戎普丁国家公园。这个营地占地面积 49 平方千米，已经进行了 40 多年的猩猩研究。——译者注

巨嘴鸟、犀鸟、红树八色鸫、爪哇绿鹊的声音，以及很多我们也不清楚的其他物种声音。在到营地生物学家那里报到之前，我们带上装备，坐着码头找到的独木舟出发了。路上我们发现了红树林沼泽。那是一次小心谨慎的行动——我们不习惯在离咸水水域只有几厘米的地方划水，还要保护我们的设备，所以大家都有点紧张。战战兢兢地划了大概 800 米之后，我们发现了要寻找的红树林生物群落——我们心中的完美位置。我们把船上的绘画软件 painter 绑到一个可够得着的树枝上，开始搭建我们的设备。

傍晚，黄昏之前的几个小时里，树林里的声音热闹起来，于是我按下了“录音”键。耳机里传来的第一个声音是 10 到 12 个小飞水花的声音。因为在立体声中录制，我无法分辨出声音的方向，但是我确信噪音应该来自附近。紧接着，音景发生了显著的变化——昆虫安静了，鸟鸣也轻柔了。这难道是一个信号？我们才刚刚录制了几分钟。沿着独木舟边缘我看到黑暗、棕褐色的水，虽然既没能看清楚细节，也不能给出一个准确的描述，但是我还是看到了几个一米左右的东西，在靠近独木舟的地方转圈游动。这一切发生得很快，空气中飘浮着一股似乎不太对头的感觉。一个之前我没有看见的什么东西突然打破了水面，这时我听到很少说话的露丝比平常说话声都要大地喊了一声：“鳄鱼！”

“我不喜欢这个”，我们拼命地让自己冷静下来，急忙把设备拉到自己身边，砍断了我们的绘画软件 painter，迅速地返回了营地，整个旅行期间再也不敢到河上冒险了。当工作人员怀疑我们私自去河边时，我们的解释是我们在陆地上了发现了太多可以录制的地方，以至于都录制不过来了——大部分是实话。长臂猿是这个栖息地的独奏明星。

理基营猩猩保护区码头的瞭望台在流经此保护区的黑色河，赛肯亚河（Sekonyer River）约15米的高处，这个高度正好和华丽的树冠中间对齐，而此处也正好是长臂猿和其他灵长类动物消磨时间的地点。印度尼西亚的长臂猿是日出时分的歌手。它们的歌声优美至极，古代达雅克*神话里说，太阳都升起来以回应它们的歌声。在婆罗洲和苏门答腊岛的其他肥沃的雨林栖息地，每个黎明合唱都充满了近场**和遥远的上行和下行声线乐曲，这是有亲密关系的长臂猿搭档通过精心培养的声音和彼此独一无二的交流的展现——是深情、和谐的诱人二重奏。

当我们录制长臂猿那没精打采滑音一样的合唱声时，我想起了几年里我听过的和表演过的，很多曲调既美妙又令人心酸的歌剧和民族声乐二重奏。回到家，我碰巧看到了一首公元4世纪的中国古诗，准确表达了此情此景我的感受：

92

巴东三峡巫峡长，猿鸣三声泪沾裳！

在苏门答腊岛北部、婆罗洲、亚齐特区可发现一些相近亚种数量

* 即达雅族，是东南亚加里曼丹岛（婆罗洲）的古老居民，分属印度尼西亚、马来西亚和文莱三国。达雅克人由于气候湿润雨量充足居住在高脚屋（干栏式房屋）。宗教信仰是万物有灵和多神崇拜，仪式完备而复杂。过去部落间经常爆发战争，猎头是主要特征之一。——译者注

** 存在于距电磁辐射源（例如发射天线）一个波长范围内的电磁场。——译者注

也在逐渐减少，它们的二重奏能够覆盖三个半多的八度音，但是明显地，长臂猿声音和其他的生物声完美契合。

每一个发现都变成了一个小启示，但是也有例外。我终于意识到理论上目睹生物声行为很可能并不是非洲或者婆罗洲特有。在我们自家后院也发现了区别信号。北太平洋树蛙会在声学带宽、时间和频率上展开竞争。一只青蛙叫，马上就会有另一只青蛙叫得更高声。有时，当它们为争夺声音领域或者是为赢得（希望是）一个有魅力的伴侣，它们的叫声会重叠。在我们小泳池周围的三只青蛙捍卫着各自的领域——两只相向而对，第三只位于相对两只中间的草地上。尽管它们声音在频率上有略微不同，或许在一个合唱里仍能区分开来，但是在时间上它们很少重叠。相反，它们建立了一个整洁、有节奏的、3/4拍圆舞曲旋律，由其中的青蛙老大来设定节奏。不管青蛙老大呱呱叫得多快，其他的青蛙都会快速、连续用独立又独特的叫声填补中间空隙，没有谁会掩盖住谁。当它们真正继续下去，就是一个快速6/8节拍。我不知道哪只青蛙得到了理想的伴侣，但一年里青蛙老大会呱呱叫独唱到6月初。显然为了能优雅地接受竞争，青蛙老大独自呱叫确定节奏，然后在其他的节拍上休息。然而，如果其他青蛙5月底还没有消失的话，它们也会适应。不同带宽的其他例子在我打印出的数不清的声谱图里，在赤道非洲、南亚、南美的录制中随处可见。

在古老、健康的栖息地生物声带宽是公认的，所有动物都更可能一起发声。每个叫声都清清楚楚。每个生物通过它的声音都能健壮成长。只有我们了解了动物声音功能和生活在同一个自然栖息地的其他动物之间的关系，特定物种的声音与生存和繁殖的联系才会清晰起来。如果一个物种需要通过声音才能成功保护它的领域或与潜在伴侣沟通，那么它就需要明确的带宽或无噪声时间来完成。同样的关系也发生在海洋环境中，如生机勃勃的珊瑚礁里有多品种鱼类和甲壳类动物在茁壮成长，并且发出声音信号。

也许更令人惊讶但和这个想法完全一致的是，许多动物以近乎“地下”的方式沟通，这种沟通方式对于我们来说似乎有点微妙，对于它们而言简直就是秘密。1990年我和一个同事刚刚完成了珍妮·古道尔早先提过的贡贝黑猩猩研究基地为期三个星期的工作。距离我们事先定好的返回美国的航班还有几天的时间，古道尔建议我们去看看尼日利亚中部鲁菲吉河沿岸赛卢斯禁猎区的大河马场地。那里是典型的非洲旅游及大型狩猎场地，我们的营地位于航道边，从河两边的高处可以看到河岸两边和水里打滚的成群的河马。乘坐旅馆提供的铝划艇，我们顺流向下游漂去，这样河流的速度可以和船行进的速度一致，不会妨碍到我们在船侧面的水下水听器。当我们经过淹浸在水中的河马家族时，录音机一直在工作。很明显河马在水下发声了。河马那讽刺又滑稽的时断时续的咕噜声表达了一个相当普遍且复杂的情绪。河马是群居动物。在阴暗且还有鳄鱼出没的环境中，动物这种联络方式与个体成员的安全以及繁殖密切相关。家族浸在水里各成员之间不断发声保持和其他成员之间的联系，免遭鳄鱼的攻击，主要是为了保护河马成员。

94

非洲平原和森林中的大象发明了它们自己的低频传输通道和发音语法。走过广阔的草地、穿越森林，它们的次声声部足够低、波形足够长，以至于在整个领域内几千米远的范围内都可以检测到它们的次

95 声，明确发出这样的信号：“加入我们”或“我们马上在……地点见面”。同样，狼和郊狼都是极其爱发声的动物，嚎叫是它们和各自家庭成员保持联系的方式。在恒河、亚马孙，以及俄罗斯贝加尔湖（世界上最深的湖）河豚已经进化出专门针对密度较低的浑浊水域的、高度发达的回声定位过程。

鸟、两栖动物、鱼和非人类哺乳动物的声音行为功能就是去交友和保护各自的领地。但是河马、大象、鲸和其他动物发声有明显的其他动机。除了使用声音加强群体内和物种间的内聚力——尤其是哺乳动物——有一些物种甚至进化到把声音作为一种工具。比如，很多齿鲸发出爆裂声，海洋生物声音专业词汇称之为“大爆炸”：一束高度集中的喷发状光波击晕了它的猎物，降低了猎物的速度，鲸鱼就可以在整个捕猎过程中不必花费太多精力而饱餐一顿。在一次巧妙的狩猎中，鼓虾可以迅速关闭其大螯，其速度快到形成了一个空化泡，爆发出巨大的冲击噪声，把鱼击晕，鼓虾轻松地获得了一顿快餐。

自适应性声学行为还有很多。我有一段录制于1979年秋天的材料，其中一头虎鲸模仿一只海狮的嗷叫，很明显虎鲸是想借助声音吸引海狮。美洲河马受原始本能驱使，在瀑布下筑巢，但其歌声和叫声能够穿越最嘈杂的瀑布声。猫鼬是生活在非洲卡拉哈里沙漠的哺乳动物獴家族成员，在所有的捕食者中，它最害怕空中的猛龙。为了
96 安全起见，它们进化出一种特殊的报警声。一旦有警报呼叫，猫鼬会迅速给其他成员发出信号，收到信号的成员会逃到最近的洞作为掩护。飞蛾已经进化出了干扰信号抵抗可以回声定位的蝙蝠。同时还

有其他的一些自适应解决办法，比如欧洲宽耳蝠能够明白飞蛾的行为，并且调整自己的回声信号，从很大的砰砰声到轻声细语，这样它们可以在不被发现的情况下，移到离猎物一翅的距离内，慢慢靠近猎物。

不管信号的目标是什么——交配、保护领地、猎物、群体防御、嬉戏还是社会交流——信号想要成功地起作用，那么必须是可听得见的且不受干扰的。奥尔多·利奥波德在《沙乡年鉴》里诗意地描述鹤声，“当我们听到鹤声，听到的不仅仅是鸟声，也是管弦乐团的小号声”。这种描述非常接近现实。

那管弦乐团呢？——整个动物群里，鹤只是一个表演者？在生物声音密度高且多样性丰富的生物群落，生物以声学结构来构建它们的信号——合作关系或者竞争关系——就像一个管弦乐团合奏。随着时间的推移，受威胁或者受损害的栖息地的声音不同于处于不同恢复期的栖息地的声音。自然选择导致了在许多未受干扰地区的动物声音“有组织”地出现。在许多栖息地的组合生物声音都不是随意发生的：每个物种获得自己喜欢的声波带宽——或混合或对比——就像小提琴、木管乐器、小号和打击乐器在管弦乐团中设置自己的声学区域。

图7美丽的声谱图是在婆罗洲录制的一段长达10秒的黎明合唱，它清晰地展示了一段复杂的生物声。它是在一个声音密度和多样性都很丰富的栖息地里录制的。图形从左到右好似一章音乐的延长小节。无论是鸟、昆虫还是哺乳动物，每一种动物都形成了它们自己的时间、频率和空间生态位。（请注意，蝉填充了同一时间的三个时

97

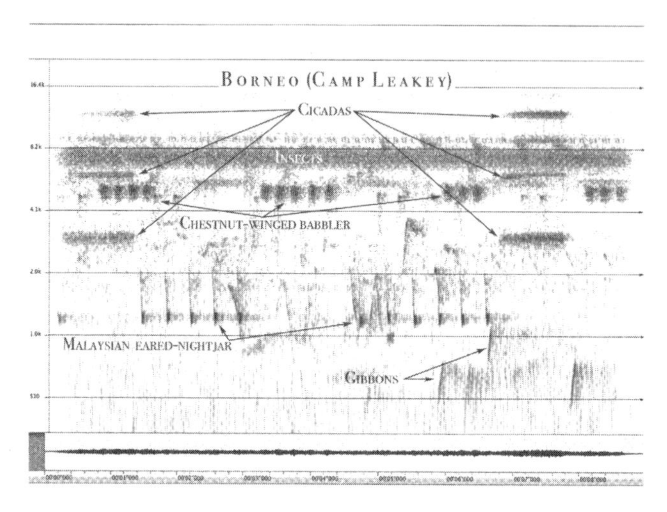

图 7　婆罗洲(理基营)黎明合唱

间段，这是一个了不起的壮举，它肯定花了很长时间才能成功进化到如此。)

不同种类的动物在很长一段时间里共同进化，它们的声音往往分裂出空位。所以，每一个声频和时间生态位是由一种发声生物从声学上定义的：昆虫往往占频谱里一些特定的频段，而不同鸟类、哺乳动物、两栖动物和爬行动物则占据余下的不同频段，在这些频段里频率或时间重叠或掩蔽的可能性更小。许多栖息地的动物声音已经进化，它们能够远离其他动物的声音区域。有了这种区分声音，个体声音之间可以清楚辨析。当偶尔发生冲突时，声音区域争端有时可以通过时间来解决：一只鸟、昆虫或青蛙开始唱歌，其中某种动物退出时，其他动物就会接上。

事实证明，我用磁带录制的几乎每一个热带或亚热带栖息地声音都是由各种各样的分区声音构成，这些分区声音构成了群体音质特色，每一个特色音质又独特地定义了一个地点和时间，形成一种独特的声纹——一个区域的声标。我去肯尼亚实地考察之前，已经录制了上千张唱片，加上后来去很多野生地点的实地考察为我的研究增添了很多实证支持。到20世纪80年代，我已经重新命名了生态位假说——很多要感谢露丝·哈佩尔的启发。我们去婆罗洲实地考察时她还是个研究生，在哈佛大学学习灵长类动物。露丝很快就关注到解开野生声音奥秘的本质问题。1991年，当我们从理基营向驻地的方向顺流而下时，她突然想到："如果动物们是同时发声的话，它们是如何听到彼此声音的呢？"她凭直觉得出了一个假设，认为群体的叫声比单一的叫声和生存有更紧密的关系。凭借她研究生物的罕见思考能力，虽然当时不知道其原理是什么，露丝本能地相信非人类动物声音一定已进化，所以每一种动物才能不被屏蔽、不受干扰地被听到。她的洞察力为我的工作提供了新的视角。

99

在半径范围内，能够听到一只青蛙、鸟或者哺乳动物声音是众多复杂因素的一个标志。能否找到食物和能否找到伴侣对于生物生活地点有着重要的影响，但是我们还知道地貌地质学和植物学的特点，以及白天的时间、天气、气候都起了重要的作用。声音越高，传播距离越短——因为波段更短，并且需要更多能量才能发出更短的声波——声音越低，传播速度越快。那么是什么额外的声学因素可能会影响一种生物选择它们生活的地点？

极少数的研究专注于声音对区域的影响，现在越来越明显的是我所录制过的每一个野生地点都会产生能定义区域范围的生物声学边界。所以到底什么才是这些生物声的准确边界？从一个固定位置，生物声转变以前，其声学特性在多大程度上是完好的？如果它们一旦转变，那么是什么声波成分变化了？

渐渐地，实地考察时间越来越多后，我发现了生态位假说的新内容开始适合。通过分析生物声音表达能够发现定义动物地质学区域的证据。我开始考虑声学划分区域后，是否有什么办法体会这种现象。声学区划想法是受研究飞机噪音的几个小组启发而来。哈里斯、米勒、汉森以及尼克·米勒位于马萨诸塞州的声学电影公司在大峡谷为国家公园管理局设计了一部三维动画片，展示了当飞机飞过不同自然背景，单引擎和双引擎飞机噪音是如何渗透进周围景观的。整个研究领域设置了很多监测站，可以监测到飞机的声音。当一架飞机飞过公园，显示器就会出现卡通式彩色动画——带有飞机符号和代表声音输出的辐射图，从而确定能够探测信号的范围。

100

研究本意是让公园经理们了解如何能监督游客们的音景体验。但是飞机噪音比各种各样的生物声明显多了。

通常，当我想了解如何界定一个区域时——是地质特点还是城市、公园或私人土地界限——我就会找一张充满坐标方格的地图或者从谷歌地图等服务中获得图像。但是为展示自然音景是如何能作为限定生物群落边界的方式，最开始我和几位同事在100平方米坐标方格的范围内（这个范围都是被语源学家、植物学家、鸟类学家和爬虫学家在亚热带雨林研究点，比如哥斯达黎加的拉塞尔瓦，精心挑选出来的），寻找生物声稳定时白天和黑夜的时间段。我们会从不同的角度走遍那些坐标方格，听区分声音并且录制混合声开始发生变化的地方。

回放录音、分析现场观察的笔记、对比声谱图，我们发现组合的生物声界定区域界限和我们现有的详细的地理地图完全不同。很明显，以音景为特征的边缘并不与人类划出的坐标方格线或者其他我们创建的合理边界相一致。非人类动物不理解 100 平方米坐标方格或者城镇、省份、国家边缘。声谱图分区开始显示生物声结构变化的地方，我们知道我们已经达到了一个声波周界。我们用覆盖图来重新绘制反映这些新发现的图表，绘制了若干声学扇区，用新边界取代了方格网——将地图划分为仿变形虫形状的边界，每一个声波区域，虽然很易变，但是一段时间里在一个限定的区域会保持稳定。首次尝试在技术限制下工作，我们意识到为了能够得到更加准确的信息，我们需要一个独立、数据丰富、同步监测设备的庞大网络和更加细致的声谱图软件——一种在当时还没有实现的实用技术但是现在已经很普遍的技术，在整个栖息地定期扩散。但是我们收集到数据的最初影响确实很惊人。

每一个独立栖息地独一无二的特色都让人联想到贯穿作曲家作品的特色声音。对莫扎特或者阿隆·柯普兰有点印象的人都会立即说出这两位风格的不同。同样充满激情，与 20 世纪早期开放的新古典主义和交响乐主题相比，精心编排的莫扎特交响曲极其正式和拘束。就像一位古典主义、流行和爵士音乐的忠实听众能够辨别出一组或者一位作曲家的单一音质特色，善于捕捉声学和动态细节的人，仅仅通过聆听生物群落的音频材料几秒钟，就能够判断白天或者夜晚或者我们倾听的准确地点。自然声音主题和贝多芬《第九交响曲》第四乐章主题一样清晰。

102

在绘制地图时，我们再次注意到昆虫容易在每一个生态群落的每个日夜保持长期不变的生态位。除此之外，当一个声源在它周期性表现结束退出时，通常另一个又会开始发声，典型的会在几秒钟之内，给人一种保留基本声学带宽结构完整的必要替代的感觉。在这些“小组”的表现中，我们能够听到短暂出现一会儿的动物独奏者——经常是候鸟、移动的两栖动物、哺乳动物和很多其他生物，它们会进进出出原声现场。就像吉他的一个八小节布鲁斯独奏，它们的声音也很契合声音频道或时间生态位，几乎不产生互相冲突的声音。

把一个栖息地的所有声音都划分成生态位，优势在于整个生态位的整体配置听起来比每个部分的总和要更加生机勃勃、充满生气、丰富多彩、力量充沛。嗡嗡声的和声内容——比如昆虫、合唱的青蛙——用音乐专业词汇表达就是有时候增加了频率调制或者振幅调制。频率调制的常见例子是小提琴演奏的颤音。如果一个小提琴家正在A弦的第二把位拉C调，她通过拨动手指以每秒七八次的频率演奏，以C调523赫兹升降音的效果呈现，可以增加一种被音乐家称为揉弦的效果。如果小提琴家会周期性地改变C调音量，她就会调整振幅。

有时所有昆虫和两栖动物的喧闹声会互调，其中两个或两个以上的信号在音调上非常接近，以至于它们偶尔会相互抵消，暂时抵消彼此的信号——这是一种完全不同于单个物种的声音效果。

103

每一个有凝聚力的栖息地都是通过它自己特殊的生态位构成来表达自我——它自己的独特声音。想象一下，沿着声谱的路径移动，从一个生物区域移到另一个——从低频到高频，穿过空间从一点到另一点。在自然声和生物声的情况里，生物声谱完全依赖生物群落——生物声是普遍存在的，因为哪里有自然音景，哪里几乎就有它们。和我们的声音特征各不一样类似，每一个生物声的结构也各不相同。

当现代人类首次出现在生物圈时，他们不得不快速地学习，把他们的声学环境知识分类梳理成有用的信息。我们的祖先要是早一些知道声音是生存的一个实用手段就好了。一定程度上，人类的存在取决于他们和周围环境的和谐关系，和森林之间的对话是首要解决的问题。路易斯·萨尔诺，新泽西州的一位音乐人类学家，从20世纪80年中期以来，一直和中非共和国的Dzanga-Sangha森林（桑加森林）里的巴特瓦族俾格米人住在一起，录制当地的音乐和自然音景。他们讲了一个故事，巴特瓦族的孩子们本能地知道森林音景中声音的实际意义——与食物源和危险源相关——而且还知道其社会意义（精神、音乐灵感甚至是偶尔的语言表达方面）。

人类与音景之间的紧密联系一直是我们了解世界的必要视角。我们对生物声的了解以及它们如何在很长一段时间内在各种气候和季节里发生变化，促进了我们对当代地质学、地形学和植物分布范围的理解，提供了不可能被卫星影像或者地形映射捕捉到的细节。我们这些活在自然世界的人已经了解了这些动态变化。很有可能深藏在人类大脑边缘深处的是古老的连线，每当我们重新连接这些精致的声学网络时，它们就会涌现出来——在世界的某些地方仍然存在着多重层面的

104

共振。

早期人类并没有花太长时间就找到了将生物信息整合到狩猎、仪式、语言和用音乐进行对话交流的有用方法——最初的声音组织
105
方式。

第五章　第一音符

我们每个人都存在于一个声音世界，我们的主要音景决定了我们生存的环境。当我还是个小孩子，我的音景包括了家、四周田野和树林的声音范围。当我两岁左右，我家搬到底特律市市区与市郊交界处——此处以前是中西部农田，那时鸟和昆虫的声音依然随处可听，但是很快在第二次世界大战后那里成了端庄的中产阶级红砖房子。最后一次冰期形成的大片冰碛变成了第二次世界大战后典型的拥挤的美国城市。

我们那儿普普通通的房子都有隔音功能。即便是窗户紧闭，田野里鸟儿的叫声、马路上偶尔的车辆声和邻居家内的喧闹声还是会互相混杂起来。由于当年我的视力不好——散光又远视，声音就是最能激发我想象力的感测器，帮我找到了在这个世界上的人生之路。虽然我们家位于一个后来成为繁忙十字路口的拐角处，但是当我们刚搬来的时候，我会聆听奇异的黎明和夜晚的合唱——鸟声、昆虫声、附近田野里偶尔传来的青蛙声，那时的它们还没有被分隔成和人类这样一个

106

个的独立的家。

我的房间大小刚好可以放一个婴儿床或一张单人床，位于我家房子的二楼，厨房后窗楼上。它离马路最远，朝西北方向。对于一个小孩子来说，窗外是大片开放的田野。春天，那里充满了黎明和黄昏的歌声，歌声里有哀鸽、林莺、红雀、山雀、维丽俄鸟、罗宾斯、八哥、野鸡、两栖类、蟋蟀和各种昆虫。从那时起，我就开始了解那些非人类的声音。清晨，它们会和我们起床时弄出的吱吱叫、咔嗒声、门开关的啪啪声混杂一起；从浴室通到大厅的管道也会生机盎然起来。当我父亲早早起床，赶在上班之前吃完早饭，锅、盘、餐具声会穿过地板叮叮当当传入我的房间，传递着一股令人安心的音色。大多数夜晚睡觉前，我都能听到每天熟悉的声音——广播声或音乐声从客厅角落里的老无线电广播或者录音机里传来。

夜晚降临，一切都结束了，父亲就会来到我的房间给我读故事。我尤其喜欢那些能够引起声学事故的故事——海盗奇谈、巨人传说（他们的大脚板在大地上发出的轰轰声）、古代战争、在树林里走失却被神秘噪音吸引的孩子们的故事。但即便如此，最终还是窗户外北美夜莺和蟋蟀的忠实组合声陪我入眠。

107

房子占地面积约 140 平方米，是典型的战前房屋结构。房子也有它的声音：墙壁轻微的振动声、一种低频率的振动的沉闷响声——与其说是听到还不如说是感受到——这发生在有风且建筑物一边承受的压力不同于另一边的时候。战争期间，底特律工业人口激增，曾经的胜利公园空地建造了很多房屋，铺设了很多道路，鸟的叫声也随之消失了。从那之后我们身边是无休止的企业喧嚣。所有先前那些音景在我脑海里依然清晰——如果我能够再次听到，一定能立刻辨认出它们。我们家、房屋或者四周环境的任何照片都不能像我家房子里里外外那些声音那样表达出当时环境的生机勃勃。

五岁之前，音乐替代了我的第一个音景，我开始学习小提琴和作曲。我最喜欢的作曲家贝多芬、莫扎特和维瓦尔第很快被我父母朋友介绍给我的爵士乐世界替代。当音乐的大门向我开启之后，我开始思考一些关于声音和音乐本质的问题。我的问题大多数让父母和他们的朋友一脸茫然，就连我的小提琴老师和作曲老师对书本注释之外的、超出他们熟知的主要乐器知识和文献都知之甚少。父母为我铺设的音乐道路——小提琴和钢琴学习——是基于学术和专业视角所做的决定，是非常传统的。他们永远不能理解也不能接受我为什么选择了我最终选择的道路。

青少年时期，我喜欢上了吉他且精通各种风格。我放弃小提琴的学习让众人失望和不屑。从那一刻起，我的父母对我的前景也就没有了什么期待，但我从来没有后悔过，虽然 1955 年我申请密歇根大学、伊斯曼音乐学院和茱莉亚音乐学院，被拒绝的理由就是吉他不能算作一种乐器。

108

大学毕业后的几年里，我是摄影棚里一名专业的吉他手，美国民谣组合织工乐队（the Weavers）邀请我去试镜，试唱受人尊崇的皮特·西格男高音部分。我是众多寄表演磁带试镜的艺人之一，为了有机会现场试演而奋力一搏。令人惊奇的是我竟然晋级了决赛，并在 1963 年织工乐队重聚卡内基大厅的专场演唱会上首次亮相。与皮特·西格、荣尼·吉尔伯特和弗雷德·海勒曼一起，向美国民众表演了“Guantanamera”[*]。

1964年织工乐队解散之后，音乐人开始尝试模块化合成器，比如波赫拉和幕格（the Buchla and the Moog）合成器。从我开始听说合成器，我就知道这正是我想了解并使用的一种新设备。我搬到加利福尼亚州之后，开始和保罗·比佛一起工作。在与洛杉矶合成器工作小组的合作过程中，我们不断地挑战一些陈旧的假设和对音乐僵化的定义。

保罗和我撰写并录制了《电子音乐顶级指南》——一本介绍模拟合成和演奏的指南——我们觉得必须要介绍合成器，阐述传统声音与音乐的观点的方法。首先，一个基本问题是：音乐是什么？在不同的文化和社会里，甚至是不同的人与人之间，音乐的定义各不相同。

随着合成声音的到来，我和保罗认为我们能够把先前关于音乐的复杂定义简单化为一个基本的方程式，就像 $E=mc^2$。我们认为，在人类领域音乐是简单的、非语言表达的且受意识控制的声音。

109

这个有争议的定义考虑到了多种因素。其中之一是它能契合所有的社会、所有令人尊敬的音乐和音乐家。如果一个表演者要创作音乐，那么至少要决定控制哪些声源，以及序列中的每一个被听到和表达出来的声音，其高低长短。事实证明我们的定义缺失了至少另外两个重要的因素：结构和意图。

随着我对各种形式音乐的熟悉，我意识到每一种形式音乐的基本结构有两种模式：垂直模式（乐器的构造和分层）和水平模式（又

* 古巴著名民歌。——译者注

称时间模式）。垂直模式和水平模式的特殊结合使每一种音乐形式都有了一个独特的定义。比如一支现代希腊乐队可能是由一把布祖基琴（三弦乐器）、一个 toumbeleki 鼓（一种小型的金属鼓）、一把常规的西方吉他、一个 defi（一种铃鼓一样的打击乐器）、一把小提琴（西方风格），或许再加一把塔姆布拉琴（toumbeleki 的前身，有六根弦）组成。声音结构的核心是弦和打击乐器，伴有主唱和偶尔的伴奏和声。

巴厘岛加麦兰管弦乐队（gamelan orchestra）则强调铁琴、木琴、锣、长笛和人声相结合的声音结构。希腊的垂直结构主要是基于西方音乐的十二音体系，加麦兰管弦乐队调音是 5 个八度音或者 7 个八度音为特色。希腊乐队弹拨拉奏的弦纹理与巴厘岛合奏中金属面料敲击时发出的声音有很大的不同。

110

很多希腊乡村音乐的结构是活泼的拍子，5/4 拍和 7/8 拍。而加麦兰管弦乐是由几个基本的环环相扣的节拍风格构成，在每一篇曲子里如同催眠一般。如果这两种结构和美国乡村音乐相比，美国乡村音乐则由吉他、贝斯、曼多林、小提琴、五弦班卓琴、爵士鼓、主唱、紧凑的伴唱和声构成，垂直模式和水平模式非常清晰。这些类型的结构在所有音乐形式中都是固有的、原创的，是人类参与的每一种声音的决定性变量之一。

意图的理解是相对容易的。我们中有多少人本不想弄出某种声音却随手拿起一种乐器或者静坐在乐器边上？——尤其是当我们发现我们一时的好奇产生了某种声音。当一个两岁的孩子坐在她父母腿上，用她的拳头敲打钢琴键盘发出声响时，她观察到她的行为吸引了别人的注意，她会变得对此着迷，打算再次通过同样的方法产生类似的效果。她在键盘上敲打出一些更高或者更低的音符。很快，如果以正确的方式引导她，这个小小的音乐创作人就会发现一个她尤其喜欢的旋律或者纹理线，调整滤波器，通过它发出独特的声音。

从电子音乐转到自然声音录制，我发现我的好奇心也从音乐元素转向音乐起源。每一个问题都吸引着我沿着音乐之谜的兔子洞[*]越走越远。我们对音乐的渴望来自于哪里呢？生物声音和人类音乐的联系可能是什么？动物叫声的情感内容能够给音乐——人类表达情感的主要方式带来启示吗？研究动物声音时，我意识到没有确认动物发声的具体环境——生物声音——使我们错过了极其重要的一部分。生物声音的内在结构是如何影响人类用音乐形式去表达的呢？启发节奏、旋律、复调和设计的野生杂音是音乐表达的结构基础？对这些问题的痴迷是我生活和工作的主要动力。

111

随着近半个世纪以来生态意识的出现，人们对自然声音也开始慢慢地关注起来。但是，作为对录音、音频存档和研究个体声音、脱离生物环境等主要关注的回应，一个更全面的生物世界意识终于开始蓬勃发展。然而，自然声音研究以及它与人类用音乐表达联系实现起来越来越慢了。这方面的大量研究、文章和书籍仍然主要是以人类为中心的唯我论，认为音乐只能从人类中产生，或者人类才是这个世界上判定什么是音乐的决策者，或许我们是。但我们开始看到这些建议推动更广泛影响领域的研究。

2008 年在加利福尼亚州山景城举办的谷歌－奥赖利科学食物会

* 兔子洞，源自《爱丽丝梦游仙境》，意思是进入一个奇特不同的世界的入口。——译者注

议上，阿那律·帕泰尔和他的同事一起播放了一段关于凤头鹦鹉的视频，它的头和身体交叉并且来回摆动，它的双脚从一边拖到另一边，和热闹音轨的节拍几乎同步。当节奏变换后，鸟的反应也会随之发生变化，说明非人类动物会对旋律（当然是人类的旋律）产生反应。很多期刊包括《连线》* 的文章都聚焦在新生儿的天生节奏，乐感是在胚胎阶段从母亲的心跳和在子宫外感知的音乐中习得的。关于蟋蟀或者青蛙、海浪、雨水等非人类节奏却没有相关的研究报道。一位名叫比约恩·麦克尔的研究者和他的同事们已经试验性尝试，将其他物种的因素考虑进来。考虑这些等速组同步模型时（比如，用同样的节奏敲打或跳舞）发现有些和人类是密切相关的。虽然他的结论是，人们对动作行为的真实机制知之甚少，但是有证据证明人类的同步节律结构或许是从其他物种那里进化来的。

112

瑞典科学家尼尔斯·沃林在 1991 年提出了"生物音乐学"的说法。当时，研究者开始深度挖掘过去，寻找自然世界里的声音配置和人类音乐进化之间的关联，反思某种可能性。沃林推测："我们的祖先在说话之前可能一直唱的是原始人的歌。如果这样，这会影响我们对音乐起源的看法。"

当然，除了智人之外没有其他原始人种尚存。但是为了音乐起源的线索，我们可以留心一下我们的堂（表）兄弟（姊妹）、灵长类和其他哺乳动物。当我在卢旺达录制山地大猩猩和它们的栖息地时，我

* 美国期刊巨头康泰纳仕集团旗下的科技类月刊杂志，1993 年创刊，旨在着重报道科学技术在现代和未来人类生活的各个方面的应用，以及其对文化、经济和政治的影响。——译者注

会听它们唱歌，观察它们行为长达四个小时。大猩猩通过声音表达各种各样的情感。它们会用一种柔软的、清嗓子的咕噜声打招呼。基本上，这意味着一切都还好——这是所有动物在情感上感到安全的一个信号。如果你发对了声音，你的存在就会被常住居民接受。雌性大猩猩，尤其是当她们梳洗时，经常无意地哼着小调调——一种甜甜的、任意发出的简单系列音符，这类的发声被现场观察员命名为“唱歌”，因为它们就像人类中的女性心不在焉地自己哼着小曲一样。

113

当年轻的成年雄性大猩猩因雄性激素泛滥而去寻找雌性交配时，整个场景都会改变。雄性占绝大多数的银背大猩猩从来不会友善处理这种行为。它们总是热衷于将自己的基因传递给后代们，会通过愤怒地大声尖叫、拍打胸膛、全身冲击来做出反应，因为在它们心目中没有任何一只有感知力的大猩猩敢来挑战。这些发声并不是歌曲，而是操控性的信号和警告，夹带着情感爆发出来。被惹怒的大猩猩发出的咄咄逼人的尖叫是我在陆地上听过的哺乳动物发出的最大声，若你恰巧又在它附近，只需一会儿的工夫你可能就聋了。那警告性的大声尖叫夹杂着特定情感内容，你只能希望那叫声不是针对你。我也曾观察过失去自己幼崽的雌性黑猩猩和大猩猩，它们会抱着幼崽的身体几天不放手，远离自己的家庭成员，自顾自地伤心低声呜咽和大声喊叫。

灵长类动物以和歌曲的亲密关系而著名。研究者不仅把山地大猩猩的声音，还有非洲黑猩猩、狐猴、懒猴和猴子的叫声定义为“唱歌”。在非洲和亚洲树林里都能听到载有强烈性欲的倭黑猩猩[*]和长臂猿的“唱歌”，那里健康群体仍在茁壮成长。它们的歌唱让我想到了在晨跑过程中自己那种无意的哼唱，我被自己的呼吸或者脚步声的节奏给惊呆了，那是一种彻底的冷静和放松的自然节奏。 114

包括人类在内的所有灵长类的歌唱都像是大声呼叫声的变形，正是这些呼叫声界定了区域且对表达社会关系的复杂模式提出了警觉。20世纪80年代中期通过观察，约翰·米塔尼和彼得·马勒发现，雄性长臂猿的歌唱虽然很少重复，但是遵循着严格的调制和传递规则，目的就是为了成功地吸引到雌性。但是到底是什么让这些灵长类动物的声音变成了“歌声”？动物交流这个领域还非常新，研究也都是最近的事，我们所能做的就是揣摩歌唱里的基本想法寻找答案。我们把雄性座头鲸的声音定义为“歌曲”——它是每一次交配、产崽季节以及夏季喂养时间的重复表达序列。跟黑猩猩和大猩猩长时间待在一起，我发现它们在梳洗、游戏或者觅食——研究人员将这些声音描述为歌唱——会很明显地调控它们的随机叫声——这种调控在大猩猩群体中就会营造一种情绪状态，在这种状态里即使一个满怀戒心的人也能平静下来。

只要大猩猩允许我和它们一起午休，它们的声音总能助我入睡。我们也发现了其他哺乳动物声音里的情感表达。虎鲸生活在高度社会化的鲸豚群里，在这个群里有着丰富的句法和“词汇”——换句话说就是不同种类刺耳的叫声和尖叫声——讯号、食物和它们与鲸豚群其

* 黑猩猩属的一支，产于非洲刚果河以南。——译者注

115 他成员们以及其他海洋类物种之间的关系。当鲸豚群追逐鱼群时，它们会发出一种很特别的觅食声音，当它们攻击其他海洋类哺乳类动物时（因为它们是食肉动物，偶尔也会对其他海洋类哺乳类动物发出攻击），虎鲸常发出非常独特的攻击性声音。这些强有力、不时被打断的、活跃的序列和正常的社会接触以及在常住成员和临时性鲸豚群之间更普遍的声音有很大不同。1979 年 8 月，我在威洛比岛西部小海湾（五指山海湾）的冰河湾录下了三头虎鲸进攻一头座头鲸的声音，那是一种很独特又很稀有的交流声音，以前从未被磁带录下来过。

我曾经观察过的最明显的虎鲸情感例子是两组鲸鱼的情感对比，一组是主题公园圈养的两头鲸鱼，另一组是两头生活在野外的鲸鱼。攻读博士学位时，我有机会去加利福尼亚州旧金山南部贝尔蒙特录制海洋公园里的两头鲸鱼亚卡（Yaka）和尼普（Nepo）。为了对比它们句子结构和其他叫声，1980 年夏天我启程去录制野生鲸豚群，海洋公园里的鲸鱼也都是在这里被捉的。那时鲸豚群在温哥华岛和不列颠哥伦比亚大陆间的海峡之间依然存在。被捕动物和它们野生家族之间的句法相似性仍然存在，但是二者之间发声的方式感觉上很不同。野生动物的声音几乎总是充满着能量和活力，节奏快捷、自信的“高低尖叫”——像口哨一样大声尖锐或低沉——很有压迫性，很有力量。相反，被捉的动物叫声则缓慢且昏昏欲睡，没有力量。

116 当然，没有一个准确方式去衡量动物感情或者人类对动物情感的印象，这也是为什么研究者们不愿意选择这个话题——科学家不可能选择当众出丑。但是，我猜大部分养宠物的人会立刻同意他们养的宠物都是会表达感情的。我的猫想要什么东西，比如想要食物或者想出去时，它就会用一种特别哀伤、高音调的声音，它要表达的意思是不可能错的。但是如果我用错误的方式抚摸它们的毛，声音就会变成一声低吼，形成一种警告“如果你再这样做的话……”我和我的妻子已十分熟悉。

我所听过的非人类动物发出的最悲伤的声音并不是来自灵长类动物，而是来自一只海狸。几年前，一个中西部地区的同行录音师给了我一个音频。音频录制了一件发生在一个他最爱的录制和聆听地点的感人故事，那是明尼苏达州一个偏远的小湖泊。春季的一天他正在录制声音，惊讶地发现两名管理员用炸药炸毁了一个海狸水坝。这个海狸水坝数年来在湖出口处帮助这个栖息地建立并维持了微妙的生态平衡。因为附近没有房屋或者农田需要保护，所以这个行为看上去像是肆意暴力。当大坝被炸开的时候，年幼的和雌性海狸们都被炸死了。跟在这两名管理员后面，录音师捕捉到了一个被改变的栖息地的声音，没有任何照片能够真实地反映此情此景。黄昏之后，那些幸存的、很有可能受伤了的雄性海狸在池塘中缓慢游动，为它们的配偶和幼崽，悲恸地大喊大叫着。我真希望我再也不会目睹任何生物那样惨叫，声音是如此绝望和让人心碎，从感情上真的很难接受。虽然它们的尾巴砰砰地拍打着，但还是能听见洞穴里和洞穴四周海狸的呻吟声，几个难得的场景甚至还被录制了下来，这是我第一次也是唯一一次听到海狸的哀嚎。我听过的最令人心碎的人类音乐也无法与之相比。

我在野外收集了许多哺乳动物表达情感的声音，声音成为生物声音结构的一部分。实际上，声音是动物们表达感情的主要方式之一。

同样地，声音和音乐也是人类表达感情的主要方式之一。

在《人类的由来》中，查尔斯·达尔文设想了人类音乐和感情之间的进化关系。就如达尔文建议的那样，音乐的部分意义就是为了性吸引。在我还小的时候，我从小提琴转学吉他时，就清楚地明白其中的含义。但在战争期间，人们需要从精神、公共交流和认同中释放压力时，表达从喜悦到悲伤的各种情感，音乐便有了这种意义。通常我并不需要理解某人母语的每一个词去了解他们的感受，他们只需要哼几首调子或者弄出一些非语言的声音，便能清楚地了解他们的心情。他们来自美国阿拉斯加北部遥远的部落还是巴布亚新几内亚的热带雨林，这其实都不重要。

这是否意味着人类制作音乐的渴望是天生的呢？关于音乐进化基础的讨论一直是异常热烈。达尔文认为音乐是一种进化适应，但是并不是所有当代科学家都是如此肯定。麻省理工学院的认知科学家史蒂芬·平克曾经因不认同音乐是“听觉的奶酪蛋糕”而著名。我们喜欢奶酪蛋糕是因为我们进化了对奶酪蛋糕成分——脂肪、糖分——的口味，但是我们并没有进化对奶酪蛋糕本身的欲望。以此类推，我们喜欢音乐，是因为我们进化了对音乐组成部分的喜欢（假设这也和语言功能相关），但并没有进化对音乐本身的兴趣。1994年他在《语言的本能》一书中写道：“音乐是无用的。”

118

2006年《歌唱的尼安德特人：音乐、语言、思想和身体的起源》一书中，考古学家史蒂文·米森详细地解释了音乐的可能性进化起源。他提出，先于语言的既不是具体的语言也不是音乐，而是一种混合物，他把它称为“Hmmmm”：全部的、多样的、具有操控性的、音乐的和可模仿的*。克里斯多芬·司茂创造了一个更好的说法“慕兹科”（musicking），意思是“创作音乐”。他断言唱歌、哼个小曲、按照某个节奏踢脚、弹奏一种乐器、在管弦乐团里表演和创作音乐都体现了一个单独的行为，可以用“创作音乐”来表达。

在回顾米森的书时，认知科学家兼音乐家威廉姆·本宗带我们了解了他对音乐起源的发现和假说。他的解释始于节奏，具体地说是走路的节奏，双足肌的互相协调是平衡和节奏的核心。基于节奏得出结论，现在人类会使踱步、拍手、拖脚走、走或者跳跃彼此之间合作协调，这就是一种“慕兹科”，产生了个性统一和与群体的和谐融合，一种互惠互利的合作。我猜大多数人在生命中都经历过某个时刻与音乐同步——比如当我们跳舞或跟着某个旋律踢脚时。

我十几岁时经历了一个在人类历史上任何时候都可能发生的时刻。20 世纪 50 年代早期的夏天，我的父母把我送到了一个位于安大略湖阿纲困公园的营地上。常规的为期八星期的夏令营活动包括棒球、游泳、网球、团队竞抗赛。但是那个夏季的 10 天是与众不同的。我们 12 人，其中 1 个当地的向导、2 个指导老师、9 个焦虑的受雄性激素驱动的城市男性青少年一起乘坐独木舟划了 30 多千米。为了赶到我们的目的地——一个遥远的小湖——我们穿越了很多荒野水路，经历了长时间的颠簸，体验了成群的水蛭、蚊子和加拿大北方针叶林里那些令人厌烦又叮人不断的黑色苍蝇，坐在那重达 40 千克、雪松罗纹的、帆布覆盖的栗树独木舟里，还背着我们所有的设备。

119

* “全部的、多样的、具有操控性的、音乐的和可模仿的”五个词的英文都以 m 开头。——译者注

在水里的几个小时，我们学会了锤炼自我，也学会了团队合作——如果人要在这样的野生环境里生存，上述品质都是必须掌握的。时不时地我们会感到疲惫，领队就督促我们唱起和集体划桨节奏一致的歌曲，鼓励大家齐心协力奋力往前划。我们时不时用手捧起湖里或者小溪里干净、甜美的水喝，自然水和我们大部分人生活并且熟悉的城市和市郊水的味道不同。水清澈到能够看到水下三四米游来游去的大湖鳟鱼。为了补充我们的基本食物，我们一边走一边抓鱼，用鱼做饭——我们只需要斜靠在独木舟船舷的上缘，就可以快速抓住那些潜藏在深水的鱼。在只有几张纸质地图和太阳、行星及树北苔藓的指导下，我们安全地航行到每一个营地。

我清晰地记得那种寂静无声的感觉。我的同学们一直保持安静，或许是害怕打破大自然这种安静，又或是最近刚刚学会的尊重，抑或两者都有。在水上的一个多星期，我们从来没有听到过一架飞机、一艘机动船、车、链式锯石机或者广播。我们也从没有看见过除了我们这个小组之外的任何人类，以至于有时候我们会感觉迷失，但绝不是迷路——一定程度上的紧张感使人感到活力和警觉。

夜间，我们在河边宿营，用松树枝生火，这样可以驱赶持续不断飞来的蚊子和苍蝇。否则，我们四周就会漆黑一片，只有夜晚的光辉才能将它戳破。当觉得焦虑时，领队们就会唱起歌，招呼我们也加入其中。我们需要告知四周徘徊的动物，我们这些人类的存在，当然这些是我们自己想象的。

所有人都凑在一起合唱。这种团体唱歌在这种情况下让人尤其觉得安心。米森认为音乐深深地扎根于人类的进化历史中，这也解释了

120

音乐为何可以促使社会联系和交流，传达游戏规则信号、狩猎模式、成年仪式、两性吸引和简单表达喜悦与悲伤所必需的情感。

我觉得我们可以把音乐当作一面声学镜子——时时刻刻反映着我们的文化和四周的环境。如果米森和其他人声称人类制作音乐的渴望是天生的这一说法是对的话——人类可能在使用语言之前就已经制作了音乐——我们可以从我们进化的历史中寻找关于音乐起源的线索。

121

当然，现在我们已经远离了我们的起源——也就是说我们的声音环境已经发生了根本的变化——我们的音乐形式优雅地反映了我们与过去的决裂。比如，20 世纪 50 年代开始，一些先锋派作曲家——包括约翰·凯吉、弗拉基米尔·尤萨契夫斯基、奥托·吕宁——注意到意大利未来主义者的哲学痕迹，使用市中心环境的混合声创作作品。当脱离原始环境进入到新环境时，噪音片段变成了曲谱的结构成分。

后来，鲍林·奥立佛洛斯、莫顿·萨波特尼克和很多其他音乐人用人类产生的声音进行纹理实验。《为了野生的避难所》这个作品中，保罗和我使用了旧金山城市的噪音片段——比如，当缆车通过地下的控制装置时，缆车地下拖缆发出的有节奏的打击声；我们还利用公共汽车在市区拐角时的多普勒频移*，融合了战争的声音。

其他一些作曲家认识到选择“噪音”的价值，包括披头士乐队和弗兰克·扎帕。如果没有披头士乐队制作人乔治·马丁精湛的音乐

* 当移动台以恒定的速率沿某一方向移动时，由于传播路程差的原因，会造成相位和频率的变化，通常将这种变化称为多普勒频移。——译者注

知识，帕伯军士的孤独之心俱乐部乐队（Sgt. Pepper's Lonely Hearts Club Band）是无法成立的。早在20世纪60年代，马丁化名为雷·凯瑟德在英国音乐现场和BBC音效部门BBC's Radiophonic Workshop试用录音带和电子音乐技术。通过这项工作，他磨练了自己的技术，为披头士乐队提供了完美的声音配乐。马丁具有对新兴电子音景的敏感性。披头士的四位成员先前并没有体验过电子音景，然而最后在他们的专辑中却形成了永恒的声音质感。扎帕在他的专辑《崩溃》中创作出了精湛的声音组合，混合了城市的声音、政治和社会评论、流行和迷幻感。

122

虽然技术有趣又著名——这些精心选择的声音片段被无数次编辑、处理、过滤转变成“音乐”——但是当时这些尝试仅获得了很有限的文化认同，当然除了披头士乐队的努力之外。更令人信服，对我们的城市环境反应更迅速的一直是硬摇滚和重金属艺术家，比如吉米·亨德里克斯、齐柏林飞艇乐队、谁人乐队、AC/DC乐队和黑色安息乐队以及后来出现的一些团体，如噪音艺术乐队（The Art of Noise）——包括朋克风格、工业音乐、说唱音乐和嘻哈音乐。摇滚历史上最卖座的作曲家兼《旧金山纪事报》前音乐评论家乔·塞尔文告诉我：“（从这些团体里的）噪音成分在硬摇滚或者重金属的某种特定风格是一股很重要的暗流，音乐家有意无意地从现代都市生活的音频杂波中汲取灵感——从汽车交通到导致幽闭恐惧症的城市住宅，从仰天嚎啕到甩断头的节奏，直到20世纪60、70年代这些在先驱摇滚音乐家们夸张、疯狂的音乐中都很常见。”

和当代音乐家不同，早期的祖先只有野生自然环境作为灵感。我们可以从大约 50000 年前推测自然音景，当时首次被知晓的骨笛流传到了今天。在一些仍然留存的栖息地，在漫长的时间里，发生的变化相对较少——能想到的有亚马孙河的偏远地区、Dzanga-Sangha（中非共和国）、巴布亚新几内亚、婆罗洲——仍然可以捕捉到我们远古 123 时代的声学结构的回声。听过去的几十年从这些地方收集的档案录音不仅带我回到制作它们的时刻，还为我指明了未来的方向，描述了进化的声波时间线。当这些古老的声音第一次被表达，被我们的祖先第一次听到，声音里充满了对每一种生物都独一无二的质感，并且每一种声音都被注入了每种生物体特有的声学结构。

每一种声音都有它原始的地方。我在婆罗洲和肯尼亚录制的声谱图展示了一个清晰可辨的声音分析，被不相关联的生物声音分割，标记。尽管它来自几千年以前，现在依然保持原样。如果这样，我们就会明白，它其实有点像活着的声音化石。

实际上，今天生活在北美的我们仍然可以听到古代的音景。克莉丝汀·朱奈特在蒙大拿州大学读研究生时，师从恐龙方面专家杰克·霍纳。基于化石记录和昆虫类直到今天依然很丰富的已知声音，克莉丝汀·朱奈特推测我们可能还能部分复原它们的个体符号，借此了解 6500 万年前鸭嘴龙时代的基本昆虫环境声音。一个片段接一个片段，一个生物接一个生物，一个生态位接一个生态位，复现了鸭嘴龙的模拟活音景。当我们把所有部分组合在一起时，形成的音景和我们在纽约北部阿迪朗达克山脉录制的夏末原始地的声音结构很相似。基于动物头盖骨的声音结构，我们重新创造了一个有代表性的鸭嘴龙叫声，听上去有点像生活在苏门答腊和印度的热带雨林被放慢速度的 124

大犀鸟声音。

想象一下，如果能听到20万年前的非洲声音，是什么样子的。蒂姆·怀特（他和加州大学伯克利分校的同事唐纳德·约翰逊发现了“露丝”）最近公布的一项研究表明现代人类没有在非洲平原出现过。相反，基于化石和同位素检测，我们更有可能来自充满各种野生动物的森林栖息地。很多这样的栖息地如今还依然存在，只是规模变小了。有很多地方，那里山地大猩猩、大猩猩、野猫、狐猴、鸟类、昆虫、大象、羚羊、野狗、两栖动物、爬行动物茁壮成长。因此，可以推测古代声音依然活力四射，好似来自翅膀、脚、喙和成千上万同时合唱的生物胸膛共同发出的一束耀眼的光芒。

就像破解了第一个人类符号的图形表达一样，有些研究提出早期现代人类住在大范围的树林、草地和整个非洲大陆的沿海栖息地。早期人类第一次模拟了这些音景的声音。

那时候我们与自然声音的接触与我们大多数人在野外的体验完全相反。旅行者和狩猎者在非人类动物和大地自然声之间可以发现幽静之地：动物世界的呼呼声、尖叫声、划痕声、嘶嘶声、咩咩叫、敲击声、犬吠声、咆哮声、呻吟声、嗡嗡声、嘎吱作响的咀嚼声、昆虫和青蛙合唱的低沉声和脉跳声，风起时树上树叶的摩擦声或者草丛间的吹拂声、小溪流的潺潺声或向下游的流淌声、海边波浪的撞击声。每天他们被周围环境的音景包围着，倾听着，或因早晚更替，或因住所迁移，又或因季节变换。

125

在乐器中，时机就是一切，自然世界也是如此：每天被分成不同的时间段，从宏观到微观，日夜的循环开始。这个循环包含黎明合唱、白天合唱、傍晚和夜晚合唱。在每个时间段，有鸟儿、哺乳动物、青蛙的间隔话语。更精细的分辨率可以发现可能是蟋蟀每秒发出的12次振动，刮刀在昆虫翅膀的锉刀上划过。在最健康的栖息地里，这些声音汇聚在一个精美的、有组织的信号网络中，这些信号包括了每个生物体与整体环境关系的信息。从整体来看，就产生了大自然音乐。

人类有很好的模仿能力。法国心理学家亨利·瓦隆和让·皮亚杰强调模仿在早期人类个体发育中的作用，并以这种能力部分表征人类物种。皮亚杰认为人类开始模仿是因为我们想让自己被人理解，让别人知道我们的存在。对我们来说，将这些自然的声音天衣无缝地融入我们的生活是很自然的，它与我们周围的其他事物保持着平衡。

自进入更新世（Pleistocene）*，无论我们在哪里找到我们自己，我们都会被周围充满着自然声音的光辉和充满感官享受的野生栖息地包围着：季鸟和哺乳动物的声音加上古代森林昆虫跳动的节奏。我们全神贯注聆听，因为风声、暴风雨声和水声给声音混合添加了特殊活力。作为一种保护，一种和祖先相连的渴望，我们观察并近距离地聆听鸟儿的歌唱，昆虫分割时间的有规律的节奏声；灵长类动物穿过遮篷来回摆动，用拳头间歇地击打胸膛发出“流行乐”；每天清扫期间，青蛙或独唱或合唱。这些声音传达了在栖息地发生的每个事件的关键信息，反映了一系列共有的感觉。共有感觉的重要性应该被每一种生物感受到。 126

人类第一次听到的声音是在华丽的生物声中模仿的声音。我们的

* 地质时代第四纪的早期，发生在公元前258.8万年至公元前1.17万年。——译者注

想象力和与生俱来的要听到声音间关系的需求应该最先受热带和温带树林、沙漠、高原、苔原和沿海地区的声音激发。在那里，我们露过营、狩过猎并且听过声音。如前一章所述，一个完整无损的生物声可以清楚地表达动物声音间的区别。它是一个交流源，这些声波槽需要时间进化——可能是几千年的时间。通过模仿，我们将自然世界中的声音和动作的节奏转换为音乐和舞蹈——我们的歌曲模仿了笛声、打击乐、击鼓、复调音乐，以及我们生活周围动物的复杂节奏。

但是我们是如何加入到“动物管弦乐团”的呢？我们的祖先以大脑感知了这个复杂的互动过程，在此过程中动物的声音找到了一个开放的通道或者表演的时间。这与改编我们声音（早期乐器和人声）模板作用类似。

127

当我们认真聆听时，我们会把我们所听到的转化为反映我们周围世界的直接联系。当我们模仿自然世界的声音，我们发现几乎所有的物体都会发出一个声音：双手合在一起或以不同的方式击打我们的身体，或把不同长度和种类的石头、木头、骨头撞击在一起，又或敲打在一个挖空的圆木表面或动物外壳上。

除了使用早期的打击乐器重现我们听到过的，我们可能还向木头或骨管的空隙处吹气，以此产生共振。在德国的一个洞穴中发现一种骨笛，由秃鹫的翼骨制成，可追溯到近40000年前。刻在骨笛身上的五个洞形成了音符的天然五声序列，一端有一个V形槽口，据推测可以创造各种音调和质感。

五声音阶本身直接来自野生世界，既反映了树林里丰富的生物声，又反映了某种动物的独奏，比如普通林鸱和音乐家鹪鹩。音阶是和音景相关的传统音乐的显著特色。一个五音符序列主要是由西方大调音阶 Do、Re、Mi、So 和 La 音符构成。比如，秘鲁亚马孙河死藤水*之歌吸取了全球森林中都存在的五声复调的蜂鸣声（drone）**和旋律，它们既是非洲、新几内亚传统音乐的组成部分，同时也是越南义安民歌、印度那加兰邦塞纳歌、尼日尔颇尔族（Peuls）和博罗罗人（Bororo）的音乐组成部分。 128

图 8 普通林鸱

图 9 音乐家鹪鹩

* 亚马孙河流域热带雨林中的一种药用植物，或由其制成的汤药。——译者注

** drone，主要特质为重复、延续、共鸣的乐器合奏，而在演奏中乐器的音高转变幅度极小，在不知不觉中便游离到另一个音符之上，制造出“持续音”与“环境噪鸣”。——译者注

但是遍布美洲和南美洲的普通林鸱首次演奏，在它的歌曲里弯曲第六音符，使其音调略微上升，有一种忧郁的情绪。林鸱的音色听上去就像陶制卵形笛发出的声音。这是阿兹特克人使用的一种乐器，16世纪初科尔特斯远征发现了它，并且把它引进到了欧洲（现在是苹果手机、苹果应用软件商店里最受欢迎的产品之一）。

音乐家鹪鹩口哨一样的声音听上去就像是由定调的白噪声构成的。它一次又一次重复相同的音符序列，有时有轻微的变化。当被一只大声的鹦鹉或其他鸟的声音打断时，鹪鹩会突然停止，等待入侵者完成，才会再次从它停止的地方继续音乐序列。

129

两种顺序都很容易复制和识别。两种鸟如果因为某些原因，一个或者另一个没有成功地吸引到伴侣，就会调整音符序列。每一种鸟都会控制一系列音符，如果没有成功就会调整它的歌曲（比如说，一些普通鹪鹩并不唱忧郁的蓝调），并且选择音符序列表达的次数。每一个结构都是独有的。我们能够辨认出几个层次的意图：吸引一个潜在的伴侣，对外宣称地盘，当然还有被当地其他动物听到的需要。

人类音乐起源于自然音乐这一观点自20世纪80年代被广泛推广。一个令人信服的证据是前面提到的巴特瓦族文化表达被重新发现——也被称为巴特瓦族俾格米人——该文化主要在中非共和国西部地区的Dzanga-Sangha森林。

美国民族音乐学家路易斯·萨尔诺在剧烈变化——比如过度伐木、偷猎或其他经济诱惑——发生之前到达了Dzanga-Sangha地区。部落一开始不信任他，他不得不花一个月的时间“混”进群体的兄弟会，作为信任测试之一就是让他吃掉几碗活蛆，直到最后他被“Oka

Amerikee”接受，大概的意思是“聆听的美洲人”。

当萨尔诺到达 Dzanga-Sangha 地区以后，发现森林的声音和巴特瓦族音乐的联系非常紧密。他意识到如果没有生物声音提供一种显而易见的声音结构，他们的音乐不会进化到如此。他经常能够亲眼目睹巴特瓦族人和森林动物的独立表演，他对音乐和栖息地越熟悉，就越能认识到巴特瓦族的音乐与昆虫、青蛙、鸟类的独奏，与偶尔出现的哺乳动物森林节奏之间的模仿关系——人类和动物的声音结构经常以各种不同的方式互相影响。萨尔诺的发现揭示了森林的生物声和由此产生的巴特瓦族音乐之间令人信服的关联：社会和现实的联系。生物声好像一个丰富、自然的卡拉 OK。

130

这个狂野的声音环境自他们到达 Dzanga-Sangha 便存在，可能是最初的灯塔吸引他们到那里。萨尔诺在一份没有发表的手稿里这样描述：

> 艾思密（esime），是以不同的舞曲形式——尤其是用鼓伴奏的舞曲形式——在每首歌曲结尾处扩展节奏序列。艾思密缺少旋律，它弥补了密集复杂的复节奏。每一个女性都有她自己的叫声——一种没有任何实际意义的声音、一个单词、一个快速发出的短语——所有这些她会在一个典型周期中重复着。每一个周期都是独一无二的。有些加速，有些打破节奏，有些倒退。声音却没有丧失含义——在一阵阵的叫喊声，两

个或多个周期的突然结合中，小二度、小七度和减七度音程盛行[*]……两位女性详细运用了由约得尔唱法[**]装饰音和即兴宣叙调[***]构成的短语，展现了让马克斯·瑞格尔这样的作曲家惊讶的自由流动对位法[****]。

131

中非共和国的森林音景令人眼花缭乱、充满喜悦，华丽声音的相互影响横跨多个物种。低地大猩猩击打胸膛产生的旋律令人惊讶且复杂。森林里大象在开放的沼泽草地上觅食，发出低沉、刺耳的咆哮声——与其说听到不如说是人类感受到——在很远的距离内回荡。尾巴黑白相间的犀鸟在树冠上穿梭，当它们在空中找到猎物，并且飞过头顶高高的天穹时，沙哑叫声和扇动翅膀的边棱音[*****]会微妙地改变着音高。歌利亚甲虫嗡嗡叫着。红疣猴和腻子鼻猴大叫着给同族发出警告信号。锤头鹳、朱鹭、鹦鹉的尖叫划破天空。各种各样的昆虫、青蛙和连续不断的嗡嗡声增加了声音结构的组成成分。

只需要聆听萨尔诺的珍贵录音便能听出那深厚的联系。萨尔诺把它描述成“人类隐藏的光辉之一”。巴特瓦族音乐强调饱满、声音丰

* 小音程为小于大音程的半音。开始于 C，C 到降 D 为小二度，C 到降 E 为小三度，C 到降 A 为小六度，C 到降 B 为小七度。——译者注

** 用真假嗓音反复变换地唱。——译者注

*** 西洋歌剧中的一种独唱歌曲体裁，也可以称作“朗诵调”，旋律性差，近乎于朗诵、说白，格律不严，节奏自由。我国民族歌剧少见，只有模仿西洋歌剧音乐手法的歌剧才有此种唱段，在中国传统审美情趣的排斥下，宣叙调在中国歌剧舞台上极少出现。——译者注

**** 对位法是在音乐创作中使两条或者更多条相互独立的旋律同时发声并且彼此融洽的技术。对位法是音乐史上最古老的创作技巧之一，是复调音乐的主要写作技术。——译者注

***** 边棱音是气流冲击窄缝遇到正对着的棱边时所发出的声音，是吹奏乐极富特征的音效。——译者注

富、和声明亮。它响亮的质地、复杂的节奏、和谐或不协调的声音都来自于他们的原生物声。

当然，我们永远听不到早期人类的音乐，但是当我第一次在俄勒冈州的瓦洛厄湖，内兹佩尔塞人让我明白了自然声和生物声都是音乐灵感的早期起源。我们在萨米人身上同样看到了这种影响，从俄罗斯西北部地区、瑞典、挪威和芬兰来的类似游牧驯鹿的牧民用鞭子抽打着大地。那些地区，长期以来只能通过风吹过地面才能听见难以捕捉的声音。第一批智人后裔在欧洲定居下来——这也是欧盟官方承认的首个原住居民——萨米人创造了一种音乐，叫作 yoik，是古代一种用喉咙吟唱的音乐，它或许是欧洲最古老的民间传统音乐。某种程度上，yoik 是通过声音传达一种地方感。和萨米人一样，图瓦人和一些生活在加拿大西北地区的因纽特人在音乐中模仿空旷草原和苔原上连续不断的呼啸风声，那是他们环境里最强的自然声音。声音来自于喉咙，通过操控声音的微妙共振，歌者可以发出多个和声，这种和声给人的感觉是很多声音同时从一个声源发出。

132

对于生活在亚马孙热带雨林地区的雅诺马米人和黑瓦洛人来说，雨水敲打植被和水坑表面的节奏和旋律是他们传统音乐的显著特点。曾经一个部落被彻底隔离在巴西热带山区和雨林里，雅诺马米人使用雨声器把他们的声音融入到仪式和音乐环境中，音景包括树冠上最浓密的树叶在不协调的接触中互相击打发出的声音、下午雷暴之前树叶在微风中摇摆的声音。正如我前面提到过的，在热带雨林狂风前夕，雨声听上去不可思议得响亮。雨来得极其迅捷，根本没有办法躲避。雨声被翻译成音乐，与安静的段落形成动态的鲜明对比。雨过了，森

133 林音景回到一种缓慢的、过渡的交叉淡出状态，这种音景在暴雨来临之前并不存在。在潮湿的森林里每一种声音回声都伴随着生命的延续和能量的传递。

这种时刻，巴特瓦族女人们通常散布在密集的 Dzanga-Sangha 地区采集种子和水果，唱起歌。风暴过后，鸟儿和昆虫的声音开始恢复了。女人们的声音褪去之前会在树林里回荡几秒钟，给人产生一种如梦似幻的感觉，似乎她们的声音一直都在那里。当然，巴特瓦族是一个鲜活的文化，他们的音乐依然保持流畅——尤其是当外部影响开始侵蚀传统的时候。当代对巴特瓦族音乐的影响主要有两个方面：一是录制和广播媒体；二是传教士。在过去几年里，他们的音乐也开始发生改变，反映了现代和声和节奏对其的影响。现在，在资本经济入侵下——这些地区很多资源被大量开采——具有很强自愈性的社会结构正在迅速瓦解，脆弱的人际关系也随之瓦解。曾经从情感和现实上把巴特瓦族和他们的根绑定在一起的脆弱联系也分崩离析了。因为越来越依赖文明经济，巴特瓦族人被迫卖淫、偷猎、参与黑市毒品和香烟买卖、稀有动物器官走私等。疾病也随之而来，受当地医疗资源的限制，这些疾病对于他们而言尤其致命。

134 总体而言，传教士们对他们要拯救的灵魂实际是有选择性的。巴特瓦族人并不能提供有价值的东西——没有异域皮肤，没有药用的植物，没有矿物，没有宝石——传教士进入到荒僻的树林也非常困难。直到热带雨林的硬木材被发现之后，传道士才慢吞吞地、略带热情地接触他们。但是传教士在巴特瓦族地区也有好几十年了。在过去的半个世纪里面，几个教派都宣称巴特瓦族的音乐和舞蹈并没有给教会提供更多的灵性能量。巴特瓦族的“原始”音乐基于这些原因受阻，那些尚存困惑的信仰改变者永远无法享受永恒救赎的益处。巴特瓦族人发现现代文明只带来极其有限的舒适，电子音乐只带来虚假的兴奋。现在，他们正在努力拒绝当代媒体的诱惑，坚持并重现他们与生活世界的古老联系。

和巴特瓦族音乐不同，西方歌曲并没有受到几千年前生物声的启发。相反，和很多艺术形式一样，我们的音乐是自我参照的。我们不断地利用已经完成的工作，穿过一个永无止境的封闭循环，就像蛇在吞食自己的尾巴一样。我们沉浸在媒体传播的一切——电子乐、数字化的音乐创作、逻辑、情感、宗教、乐器合奏以及不加选择的原始素材（比如鸟、哺乳动物、吸尘器、大炮、城市环境、敲打垃圾桶）——但是和野生音景的整体关系并没有被认为是灵感的源泉。

135

第六章　因人而异的叫声

虽然穆尔森林录音质量很原始，但是听完之后，我和保罗·比佛对强大的原始素材感到震惊。我们常待在录音棚里听那些音景，与其说寻找灵感，从工作中获得暂时的放松，还不如说是长期沉迷于体验环境素材。一遍一遍播放，想象这些声音的视觉效果。即使像保罗这样很少亲近自然的人也会一个人安安静静地坐在录音棚里聆听乐曲。我意识到，我们俩无意间重现了我们文化已经遗弃了的生存世界。

保罗和我录制《野生保护区》的过程中遇到了一个难题。当我们对自然音乐的想法不确定时，我们该如何把自然声音融入到音乐结构里？我们都不善于将一个完全陌生的音频组件整合成人们所熟悉的形式，也完全不知道自然声音也有它自己的结构。我们俩开始了解音乐和自然声音，在最终确定自然声音和音乐至少在美学角度上是相容的之前，我们花费大量时间试验质感、相对电平、音色和节奏。

136

具有讽刺意味的是，我一直在写一本关于我们的祖先本能知道的事情——好似生活的基本组成部分，根本无须解释。早期人类和他们的音景有密切的联系，他们学会通过聆听生物声获得基本信息。他们的音乐是一种错综复杂、多层次的声音转换。这种音乐作为一个联合体融入在当地生物生活和景观之声中。

我们的音乐总是体现着我们的影响力——我们的背景、教育、文化以及和我们周围环境的联系。然而，如果过去300多年的作曲家们用“与自然相关”作为作品的宣传卖点时，我们理想的自然状态会在一个封闭的循环中被折射呈现。它主要是由单个声音组成，每个声音都可以按设定的方式组合在我们的作品中——只有微弱的自然原始的回声。我们的音乐是如何脱离自然的？今天还有人会制作反映我们和自然世界深厚关系的音乐吗？如果我们能够利用我们的所有经验和技术，找到一个方法再次与非人类动物世界在短暂时间内重建联系，我们的音乐又会是什么样的呢？

我们与自然世界的对抗关系在文字历史的早期阶段就发现了。大概在公元前3000年，地中海东部的绝大部分陆地都是被雪松和森林所覆盖——给“新月沃土”的人们提供了柴火和建筑材料，也给当地人提供了大量的食物。这是一片美丽富饶的林地，被认为是《圣经·创世记》中神秘的“伊甸园”的灵感源泉之一。但是当人类数量增加且为了抢占有限的物质资源而争斗时，林地也相应地迅速发生变化。

《吉尔迦美什史诗》提过雪松林被夷为平地的事情。吉尔迦美什——公元前大约2500年，一个美索不达米亚的历史人物统治着乌鲁克（现在的伊拉克），但是很多叙事把他塑造成了一个有着超能力的半人神——决定通过建立高墙、防御土墙和寺庙来巩固他的社会地位。问题是森林是美索不达米亚众神的住所，禁止所有人类入内。松树林由恶魔胡姆巴巴守护，他的职责就是保护森林不受任何外来者的破坏。吉尔迦美什和他们的部队没有被禁行，找准时机击败了胡姆巴巴。吉尔迦美什砍倒了森林中大片的树木，而恩奇杜甚至把一直到幼发拉底河沿岸的所有树都连根拔起。（恩奇杜是吉尔迦美什的同伴，他本来应该是象征与野生自然世界紧密的联系。）他们砍倒了最高的树木，做成竹排把这些木材沿河运到乌鲁克，城市大门和防御土墙的建设也从那里开始。

138

此次暴行起初并没有对森林造成什么影响，但是诱发了腓尼基人[*]大量地砍伐森林——众神被征服，保护链被打破——腓尼基人使用木材建造船只和城市。但最严重的影响直到几百年后才显现。

据《圣经》记载，大约3000年前，所罗门国王雇用了70000名樵夫和80000名搬运工，下令砍伐黎巴嫩的雪松森林，建造耶路撒冷圣殿——这是第一个文学实例，记录了到目前为止大规模灾难性的砍伐，和它所带来的挥之不去的后果。曾经绵延耶路撒冷和伯利恒之间的森林一直存活到19世纪，如今只剩下几片杉树地和次生生长[**]的松树林。现在，除了少数的生物岛屿保护区——比如有三个小型雪松树林的阿尔乔福松树自然保护区，代表了这个国家存活下来的四分之一

* 一个古老的民族，生活在今天地中海东岸相当于黎巴嫩和叙利亚沿海一带，希腊人称其腓尼基人。腓尼基人创立了腓尼基字母，善于航海与经商，在全盛期曾控制了西地中海的贸易。——译者注

** 次生生长，是指植物的初生生长结束之后，由于次生分生组织——维管形成层和木栓形成层有强大的分裂能力和分裂活动，特别是维管形成层的活动，不断产生新的细胞组织所导致的生长。——译者注

树木——森林都不见了。

生态历史学家们已经确定黎巴嫩森林最初的大规模消失导致地区生物群落的变化。由于过度砍伐和农业环境剧烈变化，改变了地下水位、溪流和河流系统，导致这片地区被沙漠覆盖。野生动物失去了它们在这片地区的脆弱控制。随着生命体的特殊组合，古老森林的声音到底是什么样子的我们也无从知晓了。从我和我的许多录音同事经历过的选择性砍伐和无区分的砍伐中，我们确信，树木的消失意味着相应生物的灭绝。

《圣经·创世记》第一个也是最经常被引用的神话记载，我们受命去征服、填充、让地球臣服于我们的意愿，离间了人类和野生动物之间的联系，为我们文化的自然观念奠定了基础。但是约 4 世纪时，反对自然的活动如火如荼地展开。尼西亚会议*后，舞蹈被解读成含有亵渎、享乐主义和异教思想等弦外之音——如果一个人想净化心灵，这些都是应该避免的东西。人类身体本身存在很多舞蹈形式，摇曳多姿，让人浮想联翩——最疯狂的时候甚至被认为是邪恶的——被认为是质疑权威和威胁权威。一方面音乐和舞蹈仍然是 1—2 世纪早期基督教仪式的一部分，另一方面宗教所建议的情欲主义和万物有灵论**，尤其主张制度自由，对于一个致力于控制新皈依教徒和未受过教育人群的禁欲主义牧师来说，实在是解放过度。

139

罗马君士坦丁大帝要求他的神职人员把狂野定义为：未知的、不

* 指公元 325 年和 787 年在尼西亚举行的两次世界性基督教主教会议。——译者注

** 为发源并盛行于 17 世纪的哲学思想，后来被广泛扩充解释为泛神论，逐渐演变为宗教信仰种类之一。万物有灵论认为天下万物皆有灵魂或自然精神。——译者注

确定的、不可控的、危险的、不可靠的。他们选择的词语是 Natura（它是拉丁语里面阴性的结尾），意为“与上帝为敌”（早期教会对这个词的常见解释），“Nature”指“体贴肉体的灵魂”。那些希望和自然世界和谐相处的人也被认为是原始的、落后的、邪恶的、异教徒，或综上所有。鉴于教会对欧洲文化的空前影响，这种对野生世界的怀疑和恐惧变成了不断推动西方思想发展的一股强大且持久的暗流。

不同种类的音乐都被扼制或者全面禁止，尤其是那些来自早期基督教团体比如诺斯替教派*的音乐——它的信仰者和它的音乐都被议会认为过于世俗化。于是开始了长达一千年对音乐不同程度地镇压。在中世纪，这些神圣的限制达到顶峰，教堂会禁止增四度音程——把它称为“魔鬼的音符”（从 C 自然调到升 F 调的音程——比如《西城故事》里的歌曲《玛丽娅》的开始两个音符）。世俗音乐被否定，只有一些宗教歌曲才会得到许可。在 15 世纪末佛罗伦萨宗教改革家萨沃纳罗拉在佛罗伦萨点燃广场上三座由“虚荣之物”堆起的金字塔，佛罗伦萨因“虚荣之篝火”备受关注。那是一个历史性的时刻，一些特殊的音乐、乐器和其他文化艺术品如书和画都被烧毁。萨沃纳罗拉的追随者佛罗伦萨著名画家波提切利，烧毁多幅自己的画作。

140

直到最近，一项相似的限制令强加到了很多土著文化上，比如巴特瓦族。他们首先接触到的是欧洲的传教士，传教士强烈反对他们表演古老的音乐。据真正的因纽特歌舞者楚纳·麦金泰尔说，在 19、20 世纪之交，福音传道者们最终在阿拉斯加的西南部地区接触上了他的

* 相信神秘直觉说的早期基督教。——译者注

家人。为了鼓励基督教赞美诗，他的部落音乐受到了压制。土著音乐被迫转为地下，由年长的人在部落里保留下来。麦金泰尔偷偷地从他的奶奶那里学会了一些古老的歌曲、击鼓和舞蹈常规动作。在20世纪90年代早期他去世之前的很短一段时间里，他把这一切录制了下来。最近，俄罗斯东正教和摩拉维亚教会负责人越来越少地抵制古老的信仰和它们的歌曲。因纽特人再次展现了他们的土著音乐，音乐成为整个土著保留下来的被外界了解的声音。

越来越多的人集结在一些受保护的飞地*，比如栖息村庄、带城墙的城市，欧洲人越来越少地进入自然世界，因为村庄附近的森林资源已经被消耗殆尽（并且也越来越远），更何况进入到那些森林资源也没那么容易了。他们种植和储存食物的能力越来越大，需要扩大建立抵御入侵和盗窃的防御工事。“自然”披上了神秘的外衣，一些关于其危险的叙述更加夸大了它的神秘——危险的、有吃小孩的怪物的、黑暗的、不祥的森林，在那里走得太远很有可能会遭遇险境。尽管我们与自然世界有着很深的心灵联系，但是野生——我们古老部落社会结构的中心——的观点还是受到了压制，是邪恶、被诬陷、无关紧要的代表。

141

甚至到了13世纪，托马斯·阿奎那正式定义了灵魂是人类特有的，西方人已经不再需要通过动物声音来表达音乐了。宗教提出了完全不同的观点。野生世界是一种资源的观点——使我们感到温暖的木

* 一种特殊的人文地理现象，指某国或某市境内隶属外国或外市，具有不同宗教、文化或民族的领土。——译者注

材、外皮，使我们有饱腹感的肉和植物，制造犁头和武器的金属，用来供暖和做饭的动物燃料和化石燃料——根深蒂固。

大概自公元前1200年开始（那时音乐第一次被注意到），人类不再用自然界的声音表演，我们逐渐开始用音乐的形式表达自我——我们保护的城市内外——通过独奏或合奏表现自己的优点。即使早期人类的乐器——骨头、石头和森林的地面和洞穴中发现的文物——都有一定程度的表现力，有时候远远超出了他们最初的模仿意图，从而使乐者能够摆脱野生声音的限制，提高创造力。

随着时间的推移，尤其经历了一个完全神化的中世纪阶段，西方音乐的根源越来越模糊不清。神职人员喜欢的音乐是在宗教场所播放的，厚重的石墙设计一定程度上是为了通过长时间的混响效果创造扩大室内空间听觉；同时，有意或者无意间，大量的分割又防止了自然声音的干扰。宗教（甚至是世俗的）音乐减弱了人类野性灵魂的野性一面。虽然森林曾经的灵魂也曾在早期音乐形式里被歌颂过，但是中世纪倾向的内在灵性和超然与我们曾经因大自然激发的狂喜有很大的区别。

从文艺复兴时期到现如今，西方文化一直热衷于从越来越有影响力的科学世界去理解现实世界。这种影响可以在文艺复兴时期的画家乔托、达·芬奇、拉斐尔和勃鲁盖尔的作品中找到，画家们在自然形象中植入了田园般的纯净风景，强化了人类可以使固有的混乱变得更好的能力。这种观点启发了公园的设计，比如巴黎的杜乐丽公园、伦敦的海德公园、纽约的中央公园和法国凡尔赛花园——每一个都是对原始伊甸园的理性改进。

18 世纪的科学家开始收集和研究动物，从动物野生栖息地收集大量的动物，用砷处理毛皮，然后储藏在博物馆里。几乎在同时，生物分类学之父林奈设计了生物分类法，分类学强化了将我们自己的秩序强加于自然世界的趋势。对于我们来说，“自然”变成了一个互相矛盾又支离破碎的单一部分的集合，其中“自然”这个词本身就是分裂的象征。

约翰·穆尔——许多人眼中的英雄——本身就代表了一个悖论，而这已经成为我们如何看待自然的一个标志：野生世界应该被保护起来，但要加以改进。19、20 世纪之交，穆尔就主张把美国原住民派尤特部族（Paiutes）和南部米沃克部族（Miwoks）阿瓦尼奇人（Ahuahneechee）从他们古老的家园驱逐出去。曾经在约塞米蒂谷及其四周生活的印第安部落几百年来和自然世界保持了一个相对成功的策略性平衡。各部落通过可控制的燃烧、有限的农业、打猎对这片土地产生一些影响，但没有什么比穆尔主张的迁移的影响更大：之前完整遗址的生态平衡被永久地改变了。穆尔认为和那些“家伙”共享空间，抑制了他对景观的享受，干扰了他放牧。他认为米沃克人肮脏又堕落，因此不值得传授现代和派尤特部族已经掌握的管理模式。派尤特人和米沃克人是敌对关系。通过铲除这些“不入流”的原住居民，穆尔新成立的塞拉俱乐部里那些富有且受过良好教育的人就能接手并改善约塞米蒂谷。同时穆尔写了很美丽的关于风声的诗歌，吹过塞拉高地的针叶树，代表只有自己才能理解的一种方向感。随着时间的流逝，他开始重新考虑他当初的判断。但为时已晚。

音乐的发明反映了现代人对自身的看法和我们日益脱离自然的观

点。18 世纪开始，科学、视觉艺术和音乐艺术并驾齐驱，音乐开始与理性哲学和科学社会中蔚然成风的解构主义倾向相呼应。局限在一种模糊的理想化的自然观念里，许多音乐人借鉴名人声音、动物的特色声音或地质事件和气候事件给他们的音乐增色。承认“自然”赋予灵感的同时，音乐人还解构了环境整体，重新组合声元素，表达文化共鸣，为一些特定的生物体或事件赋予特殊的意义。

莫扎特写的音乐突显他的宠物，贝多芬的《第六交响曲》(《田园》) 融入了布谷鸟和鹌鹑的声音，而芬兰古典音乐作曲家埃诺约哈尼·劳塔瓦拉的《北极之歌》则是以灰鹤声音为特色，巴西古典音乐家海特尔·维拉-罗伯斯写的《维拉普鲁》以音乐家鷦鷯为特色，法国作曲家德彪西浪漫化了大海，法国作曲家奥利维埃·梅西安和妻子伊冯娜在法国乡村徒步旅行时注意到“声音美妙如音乐般的”鸟叫的回声，受此启发创作了很多著名的乐曲。梅西安自己就是一个鸟类学家，他收集了鱼鹰、鹟、刺嘴莺、鹎和云雀的叫声，并把它们用于音乐创作，如《时间色彩》《星辰峡谷》《鸟儿醒来》《异邦鸟》都突出了这些元素。美国现代作曲家乔治·克伦姆和古典音乐作曲家阿兰·霍夫哈奈斯创作了鲸鱼的赞歌《上帝创造鲸鱼》，音乐家保罗·温特在《共同点》中与灰狼即兴演奏，他将一生的音乐艺术生涯都致力于自然保护方面。

尽管我很享受世界顶级管弦乐团和才华横溢的指挥家引领的演奏会。但是我发现不管表演作品如何受人敬重，如何优秀，那些声称灵感来自自然的音乐作品几乎没有触及我所指的自然环境的本质。从动物应有的声音环境外部选择出来其生物特色，它们的声音恰好符合作曲家们所熟悉的音乐模式。我们的作曲显示了创作的短视：以艺术家们认为自然应该听上去的样子去展示“自然”。我们会衡量我们的世界里哪些是“音乐的”，哪些是“非音乐的”，并拒绝“非音乐的”。我们批判性地滤除“外来”声音，保留喜欢的音乐调色板。

马塞尔·普鲁斯特在《追忆逝水年华》里理解了这个问题：“也许我们周围的事物停滞不前是被我们的信念强迫所致，我们认为事物就是事物本身，与任何其他无关；是我们对事物僵化的看法所致。”对于我来说，我们对与自然相关的音乐的尝试唤起了我们对大自然直接散发出的层次和纹理更丰富声音的强烈渴望。无论哪种方式，这些“来自于自然的音乐”都强烈地表达了我们和自然世界关系的文化局限。法国生态哲学家吕克·费希在《新生态秩序》里更简洁地表达：“当自然模仿艺术时，自然就是美丽的。”

当我读大学时，跟着杰出的音乐学家威利·希区柯克上了一门音乐调查课。课上，他向我们介绍了英国音乐学家科林·特恩布尔的作品，科林·特恩布尔在20世纪50年代去过刚果录制姆布蒂俾格米人的音乐。希区柯克播了部落音乐的部分录音——一拨又一拨催眠一样的重复、复杂的旋律和复调，和谐地互相碰撞和分离，微妙的动态增加了表演的激情。在三段刺耳的现场录音的最后，教授故意保持了片刻沉默。很多学生的局促不安是显而易见的，他们急切地想要转到下一节内容美国乡村音乐（20世纪50年代的乡村音乐变成了流行语）。

146

尽管如此，希区柯克还是保持原状，我们不确定他的立场到底是什么。他在考虑接下来说什么时，焦虑地把全身的重量从一只脚挪到另一只脚上。后来，他用通俗易懂的语言客观地评价俾格米人的音乐。首先，我们开始听到的是“原始语言”；其次，西方的先进音乐与之并不那么相关。他提出了一个在当时主流学术界和流行音乐界经常会听到的观点：几千年以来对于原始社会的人类来说很有必要的语言，西方人只花了短暂的瞬间就把它摒弃了。

希区柯克所播放的录制样本是如此不同寻常和丰富，我永远也忘不了那个冬天的下午。事实证明，我的大学教授所说的“原始语言”是一个专业音乐表达词语，比我从最先进的学院或者机构那里听到的用词或内容都复杂、生动，充满活力。一方面，这些音乐例子来自那些明显和视觉相比更加仰仗听觉的群体。另一方面，他们的音乐令人想起了听了一辈子但却从未见过的生物，比如昆虫、青蛙、树冠里的鸟或者夜间的生物们。我可能还要加上一句：和我所听到的大部分使用最具创新技术和艺术学校的作品相比，姆布蒂俾格米人的音乐充满了与我们的心灵和灵魂更接近的表达——对生命的庆祝。

147

美国乡村音乐课结束以后，希区柯克给全班介绍了查尔斯·艾夫斯，希区柯克用余生精力研究的一位作曲家，但是希区柯克却未曾与艾夫斯作品的核心建立重要的联系。

大约一个世纪前，查尔斯·艾夫斯这个康涅狄格州保险销售员决定不再说话，开始聆听，创作了他的《第四交响曲》。这一卓越的作品在第一次世界大战结束前不久创作完成，直到1965年才第一次完整演出。然而，作为音乐野性起源的映射，可以说它是过去几百年美国（可能是西方）音乐文献的主要贡献之一。艾夫斯作为当时为数不多的深度聆听者，融合熟悉的景观，编织出一幅体现竞争、合作、张力、复调、复节奏、释放、谐和音、不谐和音、（小于半音的）微音程、乐器和人类声音汇成的全景，主题空间汇聚、分离——就像在野生边界发生的声波事件一样。（艾夫斯《第四交响曲》的第三乐章是20世纪音乐里我最喜欢的作品之一。）更显著的是，这部作品强烈地反映了与自然世界形成对比的人类内心自发的一面：伟大的能量、柔软的表情、深刻的情感、惊喜、不确定的决策、即时的时间存在。

艾夫斯能够捕捉到人类野性的美丽和深度——它们是我们所有人内心的元素。我猜当音乐家和指挥家首次读到配乐时，他们会为这部卓越的作品所释放的力量和表达的想法感到疑惑，曲谱上的重升号和重降号已经从当时喜闻乐见的以欧洲为中心的音乐文献里移除了。起初乐团成员对音乐首次解读，对音乐尤其是弦乐的解读并没有一个清晰的解释。1965年列奥波德·斯托科夫斯基首演这部作品（由美国交响乐管弦乐团和纽约教会合唱团表演），显示了表演者对那些概念是如何地不自在和不熟悉，指挥家对其内容又是如何地不舒服，看起来呆板又费劲。后来由迈可·提尔森·汤玛斯和芝加哥交响乐团演奏，合唱团没那么拘泥了。让人出乎意料的是，所有表演中最好的一次是1967年由已逝的格哈德·塞缪尔指挥的奥克兰交响乐团，描绘出了一种新鲜、年轻的纯真，捕捉到了艾夫斯想在他的杰作中表达的重要的纹理和活力。可惜，它只有一个存档版本的录音，从未公开发行过。虽然不是一个“完美的”解读，但是它激起了一个年轻美国的热情和狂野，我们也只能寄希望有机会再次听到了。

148

除了艾夫斯之外，一些西方作曲家也在重返音景，把音景作为音乐创作的一个宝贵的资料。阿里贝特·赖曼的歌剧《李尔王》的总谱就是一个例子。他在1981年美国旧金山的首演评价褒贬不一，但是我认为这是世纪末我所体验过的西方管弦乐编曲里为数不多的引人入胜的作品之一。

它反映出城市音景纹理在欧洲学院还不是非常普遍的事实。第一幕通过弦乐器的密集音簇，赖曼揭示了电子工作室时代音乐和来自他生活的人口密集的都市环境里的声音之间的张力。

由已故本杰明·布里顿创作的管弦乐，比如《比利巴德》和《威尼斯之死》，都受到城市、多次海外旅行和东安格利亚周围的自然音景的强烈影响。

149

斯坦福音乐和声音电脑研究中心有很多作曲家和改革家，比如约翰·乔宁研究音乐和信息技术的结合，以先进的合唱作为创意媒体工具，表达他们所发现的一切。一些学生已经开始重新审视自然音景和早期乐器的潜力，将它作为组合灵感的重要来源。

加拿大作曲家穆里·谢弗尔创作的歌剧 *Patria* 包含多部完整歌剧，历时 30 年完成。以遥远自然环境里的素材为特色，远离礼仪文化殿堂。序篇 *The Princess of the Stars* 在安大略北部一个湖里表演，来自多伦多交响乐团的演奏家分散在湖岸四周的森林，观众看不到他们。在灯火辉煌的船上，歌手们伴随着变幻的黎明前的天空——环绕湖的微光——开始了他们的音乐叙述。观众或站或坐在岸边，在自然音景的陪衬下，以黎明的鸟合唱开场，表演开始了。谢弗尔还写了一首关于风的无伴奏合唱作品，通过音乐艺术表达可以说是音景最难的部分之一。他的作品《曾经在一个有风的夜晚》（*Once on a Windy Night*）证明了通过批判性的聆听我们如何受到启发，谢弗尔以优雅的方式抓住了这个不可见的现象本质，带给人们惊人的影响。

意大利作曲家大卫·莫纳基认为自己的作品建立在“生物声模式”上，这种灵活的作曲模式被他用在了很多作品里。作为创作的一部分，莫纳基会花大量的时间在野外收集素材，像他作曲那样去聆听。他分析自然生物群落，生物声分割几乎直接影响了他所有的作品——他的音乐灵感来自深度聆听以及在相关声谱图里发现的声音细节。莫纳基的编排旨在表达隐藏在整个野生栖息地的生物声的生态原则。用他自己的话说：“声音分离出时间、频率和特定的生态位——能在很多未受干扰的生态系统的声音表达里观察到，是我尽力通过声音艺术和音乐想表达给观众的一个重要的叙事结构范例。”在他擅长的自然创作方面——可见又可听到的——观众立刻就会感知到我们与生物声的返祖性之间的联系。眼里闪烁着兴奋光芒的大卫告诉我：“作为一名生态声作曲家，最重要的就是去理解和揭示自然错综复杂的声学模式；尽可能与生物声相互作用而不干扰它们脆弱的模式平衡。”

150

为了他的音乐会，莫纳基用高精度声源音响环绕——在这一行里被称作 AmbiSonic——捕捉原声里固有的动态并分段戏剧性的情感素材。有时，他转换音调——超声和次声部分，这样他的观众能够更好地欣赏低频率大象声音的互动和高频率蝙蝠和昆虫的噪音。

在他的作品《夜莺》中——这是最精彩的部分——他让谱图出现在舞台中央的一个大屏幕上。在定义生物声的生态位里，莫纳基用木质横笛实时即兴创作。他说：“在那个时刻，我仿佛穿越了。”在他的合作音乐会上，他的身体语言和表情更加证实了他的态度。在最近的一部作品《综合生态系统》，他探索了数字合成音效与赤道雨林的声波栖息地的互动。表演中，他再次实时投射了声谱图，显示了他是

151

如何努力严格地在复杂生物声学综合时间和频率范围内塑造声音的过程。通过一些能够监测手部移动并能够连接到自定义生成软件的传感器，表演实时合成，莫纳基将他的电子标记添加到未填充的窄带和可用的时间窗口中，创建一个物种强有力的隐喻——人类——这是一个完整的循环，在动物管弦乐队中演奏，寻找协同、平衡与和谐的关系。

自然世界会告诉我们音乐的很多秘密，但是却被很多作曲者忽视了。听了我的演讲之后，很多音乐家和作曲家经常问我，怎样能够更深入地了解生物声音领域，这个领域离他们在教室、练习室、舞台和工作室里的想法和经验又相去甚远。我给了所有人同样的建议：把罗尼·詹姆斯·迪奥、街机游戏、阿沃·帕特和菲利普·格拉斯关上一会儿。试着把它们从你的脑海里清空。倾听生物世界的听觉环境，因为任何一种音乐创作都会用到动物乐团的组成声音。注意观察单一资源是如何混在一起的。聆听底部的低音，牛蛙在嘎嘎叫，河马在呻吟和叹息。留意溪流、小溪和瀑布的周围水流的细微差别；山杨、松树或枫树里雷雨被风吹过（在雷电交加的情况下请记得摘下耳机）以及海岸的波浪作用。试着找出整个栖息地生物交响曲的结构。注意季节性动态——春天丰富而复杂，冬天微妙又零星。你听到哪些高音调的鸟和昆虫的叫声？你什么时候听到它们（一天、一年之中什么时间）？两栖动物又是在哪里融入声谱图？谁填补了中低范围内的声音领域？哪些生物建立了节奏模式？哪些生物和其他生物的联系取决于被听到的时机？这些是作曲家用手中的乐器编排音乐的时候需要解决的问题。你是如何从这个音色板开始创作一部音乐作品的？

152

为了把大自然作为音乐灵感的源泉，我们必须愿意花时间去寻找回到荒野的方法。对于我来说，这个过程是非常有益的。曾经，我找到了一处没有噪音的地方，认真聆听——有时候闭上眼睛聆听——生物声音的混合是如何定义空间的。每一个栖息地——即使在同一个生物群落——通过形成一种独特集体声音的声音符号组合表达。我很难预见被生物群落定义的声音景观会是什么样子的。它们总是不同——经常以不那么微妙的形式。

景观和它们常住居民之间的不一致是20世纪早期匈牙利作曲家贝拉·巴托克的音乐听上去和阿隆·科普兰作品的开放乐观感觉如此之不同的一个原因。阿隆·科普兰的作品描绘了他想象中的20世纪中叶理想化的美国西部。

我们每个人的头脑中都至少有一个声音符号，我们的听觉体验定义了地方感，它是标志性的音景。对于作曲家来说，声音符号是他们提取音乐片段的文字。在野生世界，声音符号或许非常丰富——它只是需要时间和安静的心态来破解。

在野外实地待一星期或者十天是远远不够的。动物活动不受人类时间的管辖：大多数情况下它们睡觉、寻找食物，捕猎的时间都有很大不同。相反，间隔是由不同季节周期、白天或者夜晚、气候的变化、随着白天的推移，阳光透过树林投在地面的斑驳光影、不同时间段出现的独特香味决定的。当然，所有这些元素的结合能够成功避免在音频或者视频媒体上的完整捕捉。但是在赤道热带雨林的树冠下生活了相当长一段时间后，我们发现触觉、听觉和视觉元素最终汇集成一个单一的整体印象。只是有人听到能激发附近原住民开始古老歌谣的短语。森林逐渐变成一个信仰之地，我们开始想象如果成为生物世界的一部分会是什么样子。事实上，没有什么能够替代在此处生活的经历——但是正是我们的出现，后来证明才是最可怕的障碍之一。

154

第七章　噪音迷雾

深夜时分，我坐在录音棚里聆听一段录音。工作空间不是很宽敞——可以容纳两辆中型车紧紧挤在一起——但是利用我在野外录制音景的特殊技巧，回放所产生的错觉使房间的空间超越了其物理空间。我正在试听一段一个秋日下午在黄石国家公园录制的声音——一个鸟叫声异常活跃的声音片段。录音开始的纹理像精致的爱尔兰花边一样精致可爱——一种膨胀的音波织物（sonic fabric），把我深深地吸入原始的时间和空间，只有声音才有如此魔力。

一只乌鸦断断续续地叫着，在立体的空间中画出一条水平线，从左开始向右移动。这种错觉突然被一架往北飞的小型私人飞机或军用喷气式飞机打破，好像在我麦克风上6000多米的高空位置。噪音在山谷里来回回荡，六七分钟后彻底消失了。喷气式飞机整个飞越过程中，鸟的生物声安静到几乎没有任何动静。又过了十分钟，自然音景逐渐恢复到喷气式飞机出现之前的水平，但是这时远处一架直升机的低频轰鸣声又闯了进来。鸟又安静了下来，这一次真的是鸦雀无

155

声。

[156] 19、20世纪之交，机智的安布罗斯·比尔斯曾经称噪音为“首席产品和文明的标志”。莱斯·布隆贝格把噪音定义为“听觉垃圾”或者“听得见的垃圾”。大多数噪音的形成——至少从自然世界的角度来看——都是人为的传播。生物声、自然声和人工声一起构成了世界的音景。

人工声是由人类发出的四种基本声音构成：机电声音、生理声音、可控声音和附带声音。机电声音是由交通工具和各种各样的交易工具发出来的，包括飞机、打桩机、摩托雪橇、落叶清扫机、汽车或卡车声音系统、摩托车、发电机、手机、电视、音箱、冰箱、削笔刀、洗碗机、空调、微波炉和很多其他的复杂科技——比如写这本书时使劲敲击键盘发出的声音或者笔记本电脑散热风扇的微弱声音（虽然目前大多数笔记本电脑声音在十几厘米之外都听不到了）。生理声音——比如咳嗽、喘气、身体声音、喷嚏声和说话声——很容易被抑制或局限。只要稍一留神，我们就能管理我们的可控声音，比如现场或录制的音乐或者剧院表演，尤其是当与敏感的生物声发生冲突的时候。附带声音是由多种噪音形成——比如脚步声、衣服的沙沙声和刮擦声，这些也都是可控的和区域性的。

虽然噪音不传递太多有用的信息，但是本身却可以吸引注意力。如果声音足够大，又在封闭的空间，它会产生一股少量但可衡量的热量，这是很久以前在一个物理课上听到的说法。我后来曾幻想将我们 [157] 在城市中所忍受的噪音考虑在内，如果我们能够弄明白如何在没有净损失的情况下再次引导它，也许能创造出足够的与噪音有关的热量，可以不再依赖石油燃料。

如果我们的目标是为了传达一个明确且未受损害的清晰信号——当然，假设声音源头提供的是明确清晰的，接收者功能也没有失真——只有声道没有受到损害，我们和其他生物才可以实现它。这同样适用于生物声中生物的声音，比如通过移动电话交流。良好的信号交换意味着传输是有用的、中肯的，与当下时刻是相关的；接收者清楚地收到消息，不被其他声音、触觉、嗅觉或视觉来源损坏。这被称作是“干净的”信号。在视频中，信号指的是一系列中某一两个主题上非常清晰的图像。在音乐中，信号通常表现为具有清晰表达形式的协和音或不协和音的主题模式，及其引起的广泛的情绪反应。一个清晰的信号以某种方式受到干扰时，噪音就出现了——通常由一些相互竞争又不相关的信号或失真构成。作为声学的一个常用表达，信噪是指相对于背景噪音量的高信号功率。

我认为噪音是一种与预期相冲突的声音事件——在一个温馨幽静的餐厅播放重金属音乐就是噪音（在这一点上，或许几乎所有餐厅音乐都是噪音）。改装摩托车开大油门轰轰地穿过约塞米蒂谷国家公园的美妙景观时，那声音会粉碎游客与动物的神秘体验。当出现视听内容之间、听觉和听觉内容之间、视觉和视觉内容之间不连续性时，通常就是因为我们收到各种噪音——举个极端例子，《终结者》电影中，温和的古典吉他声与暴力场景搭配，这个搭配若不是调侃，就是一个矛盾冲突。在很多城市中心，声学噪音是混乱、分离的声音，包括汽车警报器、警笛、手提钻、空气制动器、降挡的卡车柴油发动机和车里的臂架系统的声响。

158

2003年音响制造商大奖颁给了可以在汽车内部产生最大声的声音系统，我读到这一消息一点也不意外。一个旨在产生13万瓦功率，驱动9个38厘米的低音炮，持续发出177+dBA的科技，它比点357马格南左轮手枪在耳边开枪发出声音的2倍还要大，比波音747全速起飞时产生的声音的7倍还要响——还得是你站在离飞机9米远的地方。美国航天飞机起飞产生的声音通常在160dB和180dB之间。要知道这个声音系统可是安装在道奇房车里。

谢弗尔在《世界之律调》（*The Tuning of the World*）中告诉我们人类喜欢制造噪音来提醒自己，他们并不孤单（并提醒与自己有过往关系的其他人，他们是存在的）。若我们引入麦克风，噪音的普遍存在就变得很明显了。作为听觉的延伸，麦克风不能区分有用的声音和噪音。它会在其能力范围内提取每个声音信号和独特的检测模式。如果你想知道你的周围有多大噪音，只要在录音机上插上一个麦克风，然后戴上一副耳机就可以了。在一个你认为“野生自然”的栖息地里试一下这个办法。只需短短的几秒钟，结果定会让你大吃一惊。

159

人类世界的声音大体分为两类：有益的和无益的，或者说在生物声学领域里的有信息含义的和无信息含义的。尽管在倾听的过程中，我们常常不承认噪音——作家乔奇姆－恩斯特·贝伦特在他的《第三只耳朵》里称其为“声音垃圾”，对我们有不利的影响。不知不觉中，我们的大脑工作很努力，过滤掉不想要的声音，这样我们就能处理有益的信息。广义上说，在我们大多数工业社会中，信号和噪音不断地为吸引我们的听觉或视觉注意力而彼此竞争，我们因此花费了大量的精力把更容易接触到的信号与噪音分离开。

我们都有在嘈杂的餐馆或拥挤的街道上与同伴交谈的经历。当我们凝视声音的源头时，我们认为我们听到了他或她说的每句话。然而很大程度上我们听到的都被我们看到的过滤过了。如果没有同步的视觉和声音，或许我们从交流中几乎得不到什么有用的信息。虽然我们的耳朵接收许多声音，但却是因为我们的大脑承担起繁重的任务，将声音与视觉线索结合起来，过滤掉背景噪音，它使我们误以为干扰无关紧要。

不管我们有没有意识到信号处理（过滤）的过程，它都在持续进行。圣地亚哥神经科学研究所实验神经学副研究员郑伟民（Weimin Zheng，音译）及其同事认为相关的大脑活动分配不是一个可以直接 160 解决的问题，但可以从系统级的行为观察中推断出来。即使在安静的环境下，为了听懂演讲，注意力必须集中在任务上。参加一项任务需要“积极”降低大脑某些区域的性能，减少其他区域的活动。嘈杂的环境需要更多努力（注意力），往往涉及其他感官系统，特别是唇读的视觉系统。因此，整体脑能量消耗将增加……因此，总体而言，因为其他系统的参与，嘈杂环境比安静的环境需要更多脑力活动。

北卡罗来纳大学格林斯伯勒分校的音乐教育和音乐研究所所长，著名教授唐纳德·霍奇斯·科温顿告诉我，1989 年美国入侵巴拿马，曾用巨大的喧闹声抓捕巴拿马军事独裁者曼纽尔·诺列加，正对着诺列加的小屋反复播放名为《无处可逃》的乐曲，军方和警察用高音喇叭驱散示威者。

随着时间的推移，我们的听觉处理系统知道了哪些信号有意义哪些没有。然而，即使我们的注意力集中在我们所看到的，我们大脑也在加班加点地检索和处理必要的信息，最终还是会疲倦。1998 年瑞典五万名雇员参与的噪声研究中，有两万名受访者的工作环境随机选取的背景噪音水平测定在 60dBA 和 80dBA，这在美国被认为是合理的（比如普通住宅街区）。但是事实是即使仅仅暴露在这样的环境下几个小时的时间，就会出现常见的疲劳和头痛症状。

161

此外，研究已经表明，疲劳和压力是试图从信号中分离噪声的主要副产品——由糖皮质激素水平增加引起，只要激素水平达到或超过 40% 即可引起。事实证明，我们大多数人觉得噪音带来干扰、令人厌恶、产生压力——或者是三方面皆有。

我们生活中不受欢迎的声音——当前文献中有时被称为 ISE（irrelevant sound effect）即无关音效，特别是当噪音持续存在的时候会导致多种生理和心理反应，其中多为不健康的影响。噪音淹没了自然音景的微妙声音，我们可以在众多生物中探测出其反应。对人类来说，导致神经紧张、疲劳和刺激等伤害的有害噪音比比皆是，从大城市到小办公室，再到幸存的部落比如巴特瓦族，他们被迫转移到残存的森林内部，尽可能远离人类工业的噪音。

由安德斯·凯尔伯格、珀·穆尔和比约恩·司克德斯特罗姆组织的三个独立的研究，最近被其他研究人员证实并发现在工作场所即使只有适量的噪音也会导致明显的疲惫和血压升高，只需待上几天就会使人消极沮丧。

20 世纪 80 年代开始，城市噪音和人类压力之间的关系吸引了越来越多的研究人员。将噪音和压力联系起来的第一个里程碑式的研究发生在法国的斯特拉斯堡。研究人员邀请三男三女睡在一个特别设

162

计的实验室里，几个星期的时间里，这六人每晚都要面对不同的声音和噪音体验。六位受试者的心率、手指脉冲幅度和脉搏波速度的压力水平都会连接到仪器上，每个受试者整晚都会被监控。最初的几个夜晚，六人享受了没有任何干扰的安静。而接下来的两个星期里，他们忍受了录制下来的交通噪音的干扰。引入交通噪音后，即使交通噪音在相对较低的水平，所有的压力指标均显著升高。白天受试者要接受问卷调查。报告提到，经过两到七晚上的连续噪音干扰，六位受试者已经意识不到被干扰了，因为每个受试者都已经习惯了，但测量出的生理压力水平一直与首次引入交通噪音时一般高。尽管这项研究的规模很小且研究是30年前进行的，但直到现在仍然是很重要、很有影响力的。受试者的压力变化为这种有害的行为提供了数据支持：受试者认为没有受到噪音影响，但是他们的身体却告诉了非常不同的结果。

长期以来，噪音会削弱儿童的注意力和学习能力。最近的一篇文章《噪音与健康》中，作者玛丽亚·克莱特、汤姆斯·拉赫曼和马库斯·梅斯表示噪音同儿童的任务表现有直接的关系。当一个特定任务需要高强度的注意力和不得有不相干的噪音侵扰时，超负荷的注意力分配——往往超出了孩子的参与能力——将极大地影响儿童的执行力。2011年3月世界卫生组织一份长达128页的欧洲研究报告《环境噪音的疾病负担》指出，7到19岁的青少年“受影响的任务涉及中枢处理与语言，如阅读理解、记忆和注意力”。“学校学习如果暴露在如汽车和飞机这类的交通噪音下，会损害智力发展，对教育成就产生一生的影响”，有时候甚至会影响5到10个点的IQ值。噪声源得

163 到相应的限制或控制后（如机场搬迁到离学校更远的地方），学生的学习障碍明显消失了。报告进一步指出，受血压中的流行病学水平增加、压力荷尔蒙释放的影响，过度的噪音不仅会影响年轻人的学习，而且会导致心脏病发作，成为仅次于空气污染的环境污染因素。

在我们这个工业化的世界里，有时候机械噪音是受欢迎的，在某些情况下甚至变成了“艺术”。由电影或视频音效设计师精心制作的一个恰到好处的声音音效，可以在电影的叙事中发挥作用，这可能算是对噪音的创造性利用。地铁列车接近站台的声音让人确信列车进站，位于怀俄明高平原柴油动力传动系统的喷涌油井的冲击间隔声表示出油状况良好，军用大炮点火的轰鸣声暗示战况激烈，震耳欲聋的纳斯卡车赛声令人激动。当飞行员驾驶着引擎飞机掠过地面，地面上的人可能不那么高兴，但同步引擎的声音——那些以每分钟相同转数运转并由此产生相等的音高和功率——虽然只是一个稳定且没有节拍的轰轰声，却是飞行员可以想象得到的最可爱、最令人放心的“音乐”。

海洋和湖泊的波浪、风效、溪流的声音包含白噪声元素，类似于白光效果。这类声音是由无限分布在整个音频频谱的可听频率构成的，每个频率随机出现，随着时间的推移，有同样的功率。自然产生164 的白噪声往往能愉悦我们的耳朵，放松我们的心灵。垭姆部落曾经听到过赛理罗瀑布自然生物声的白噪声，作为一个可识别的信号，它充满了深刻的现实意义和精神意义，正如内兹佩尔塞人在瓦洛厄湖的芦苇里听到的风声一样。但是，我们人工复制并试图控制的白噪声，作用并不积极。

不管有没有意识到，我们大多数人都参观过办公室，白噪声集成在工作空间的环境设计中，用开放分区屏蔽附近区域的对话。与电梯上的销售宣传或背景音乐相似，许多网络广告声称办公室白噪声装置是为了让人感到平静和放松，是有效的屏蔽工具，能让人在接下来的分隔空间中避免听到他人的对话，目的是提高生产力。可是它的前提是错误的，任何白噪声都应该是自然的。

白噪声本来应该产生一种放松的效果，帮助人们提高效率，然而效果却并不怎么明显。（除此之外，白噪声被制成床侧电子版“睡眠辅助器”，它的销售文案是它将帮助失眠的人入睡。）研究表明合成的噪音反而给人们带来疲惫感，降低他们的效率和注意力，这可能是人造白噪声恒定的结果。自然界中，海浪、溪流和风声是动态的——声音强度随着时间的变化而变化，包含内在的自然节奏。自然世界中的白噪声的确让人觉得放松，正是因为那些波动——海浪产生有节奏的律动，溪流和瀑布具有独特而微妙的信号——容易让我们安静下来。办公室的空间里，声音水平永远不会变化，白噪声变得像荧光灯一样，是员工不得不与之抗衡的无意识的刺激物。

165

有些行业故意操纵声学环境，以激发人的应激水平。20世纪末一场无声的风潮运动让一切安静下来，直到最近这还是一个公开的秘密。比如一些餐馆的建筑师和室内设计师有意识地把或多或少的压力设计带入某些饮食场所，而噪音是主要选择。无论何时你走进一家餐厅，内部有坚硬的、反射的表面，用于反射和放大那些最轻微的声音，你正在选择一个可能让你处于紧张状态的环境。为了完成最初的建筑想法，经营人员可能会播放那些响亮、有干扰性或提神醒脑的音乐，或播放体育节目或既有体育节目又有欢腾音乐的电视节目。虽然来自场所的噪音可能使人产生“行动”的短暂冲动，但是导致这种效果的设计可是经过精心设计的。对于想寻求一个温馨的环境，并能在其中和家人或朋友享受一顿安静的美食的人们来说，噪音很快就会引发紧张感和疲劳感，客人会匆匆就餐完毕离开，餐厅从高客流量获得利润。

相反，我和我的妻子凯特在一个由吸音材料设计的环境里，伴有低音轻柔的音乐或者根本没有任何背景音乐，静静地享受美食时，整个过程是那么轻松，我们也绝不会急着离开。

166

20 世纪 80 年代中期《纽约时报》曾经在一些社论中讨论过餐厅的噪音问题。随后的几年，噪音作为餐厅综合评价的一部分，帮助人们争取一些更安静的选择。大约同一时期，《旧金山纪事报》以小铃铛图标代表餐厅的噪音水平。许多报纸和杂志的食品评论区也如法炮制，但是后来除了隐晦推荐，其他的都放弃了。最近，注意力越来越多地集中在厨师的明星气质、食品、装饰品和顾客感受，许多餐馆的噪音水平开始回升，自然少不了随之而来的副作用。2010 年秋《科学美国人》上的一篇文章强调，高噪音水平甚至会改变消费者感受到的食物的味道，使它尝起来索然无味。我和妻子最近去的当地一家新餐馆的噪音水平竟然达到 94dBA，那还是傍晚六点半左右没开音乐的时候测出的噪音水平，餐厅的设施效果还没有发挥作用呢！我们俩是不可能再去那家餐厅了。

人为噪音对于那些创造噪音的人或者对投资噪音的人是一个有意义的声音，而对听者来说或许就没什么意义了。我喜欢把我们发出的声音——如我们穿的衣服、我们剪的发型、我们的身体语言——看作是视觉线索的有力补充。

势不可挡的工业之声——现代性的真实声学符号——包含了令人珍惜的音景，尤其是当我们渴望表达我们的存在时。一个极端的例子是罗纳德·里根的内政部部长詹姆斯·瓦特的故事。根据穆里·谢弗尔的说法，噪音治理办公室（曾经是环境保护局的一个部门，瓦特决心关闭它）证明噪音等同于权力。一个国家制造的噪音越大，它就越强大。想象一下，噪音很大的汽车、未消音的摩托车或者肌肉车（muscle cars）沿着街道飞驰而过，轰隆隆的声音让我们不得不驻足而观，事实上他们制造出的声音某种程度上的确传达了其声势和傲慢（“嘿，看我的！”）。另一个极端的例子是在美国陆军阿伯丁试验场工作的一名生物学家在华盛顿特区举办的一场音景科学会议上热情洋溢地大讲特讲他是如何用大炮吓跑落在机场跑道上的鸟，他可是噪音的忠实粉丝。对于他来说，大炮是自由的声音。当然，问题是得看他自己站在大炮的哪一边了。

167

如今人到哪儿，噪音就到哪儿，肆意地产生着很少人欣赏却让很多人不得不忍受的烦人音景。我们去湖边就带快艇和汽船，去海边就带扬声器，去森林就带越野自行车、越野机动车和链锯，去沙漠就带沙地车，去国家公园就带直筒摩托车和雪地车。哪里都是噪音，好像没有它我们就不能活了。除此之外还有战争噪音、其他人为的音乐噪音以及盘旋在我们头顶的喷气式飞机和私人飞机的噪音。不管走到哪里都不得不摆脱噪音，因为噪音无孔不入。

噪音是我们娱乐活动的主题。比如，7、8月的周日下午，在Infineon赛道上，一场全美热棒协会的飙车赛事开始了，吸引了10万多粉丝。这是一场以速度和噪音庆祝的赛事。这条赛道离我家30千

168

米远，我在家都能听到。发动机的轰鸣并不是按照直线传播的，因为它必须首先穿越几处内陆海岸山脉、山谷、受保护的湿地和区域公园。但因为每五分钟开始一轮比赛，我都可以测量出来自赛道那边让人不安的噪音。飙车赛事的噪音很大，我在家附近录制下的声音已经超出了白天正常的环境水平，虽然我家当时处于逆风向。穆里·谢弗尔曾经对我说，如果不是因为噪音和速度是比赛唯一的参考因素，那么飙车赛事和美国海军“蓝天使”飞行表演*的参与度很可能会下降超 90%。

现在电影院预告片借助 THX 音效或者杜比数字音响系统制造出来的声音水平是 20 世纪 90 年代初期的六倍多，经常超出职业安全和健康署（OSHA）和环境保护局签发的工业噪音安全水平。当我就为何预告片多用高级混响问一位就职于天行者音效公司（Sky-walker Sound）声音部（卢卡斯影业公司旗下）的员工时，在承诺匿名的情况下他才回应：“这与市场营销有关系，高音效能够抓住观众的注意力，去剧院的人要想在周围高音效的情况下聊天是很困难的，如果不是这样，预告片很难在观众中留下什么印象。”制片人和音效设计者坚信观众无一例外地想被响亮、低频的“击打”以及电影预告片现在流行的音效冲击。他们创造了一种发自内心的兴奋和紧张感。对我来说，电影与声音的关系成反比，电影中的实质性内容越少，分散注意力的画面剪辑越快，声音效果就会越响亮，音效出现次数也越频繁。

169

* “蓝天使”飞行表演队是目前世界上唯一的一支属于海军航空兵的飞行表演队。它正式成立于 1946 年 4 月，正值第二次世界大战结束后一年，大本营在佛罗里达州的杰克逊维尔海军航空兵训练基地。——译者注

我认为，电影院里不应该提供 3D 眼镜，而应该提供耳塞。凯特和我去电影院时，我们随身带耳塞。

当我们刚刚开始看到让环境安静下来的努力取得进步时——部分是通过引入噪音较小的混合动力和电动汽车，却发现努力带来的安静实际上增加了行人的危险，这反而变成了制造商的一个负担。此后，价值大约 10 万美元的插电式混合动力汽车菲斯科的卡玛于 2011 年上市销售，它的前保险杠增加了一个扬声器，传送音量"介于宇宙飞船和 F1 赛车之间"。这是一个以健康为代价的交易：在这种状态下，听不到迎面驶来车辆的危险比 F1 赛车的轰鸣声所引起的心理和生理压力更大，同时给我们已经焦虑的街区又增加了一种噪音。其他制造商照葫芦画瓢，也正在为他们的电动汽车考虑类似的选择。

虽然噪音基本上被视作是一个声音现象，但是噪音也可以是视觉的，或者是声音和视觉二者的结合。比如，城市的光污染使得噪音传入了夜空：从街灯、广告牌、建筑物和纪念碑发出的光遮挡住我们的天空。又或者有线电视频道播放的电视节目充斥着不同图像和各种竞争信息，这些进一步被急躁的、高度压缩的、调制过的音效和不停歇的、麻木心灵的、不劳而获的媒体炒作。所有这些都是为了吸引和保持观众对屏幕上精心挑选出来的影像的注意力。音频和图像结合而成的"噪音"都是精心设计出来的，使我们失去平衡。一旦我们失去平衡，我们就会感到不舒服。

当我们的不适感达到一定程度且不能准确地识别源头时，许多人就会把累积的沮丧情绪表达为愤怒，更可能是暴怒。不断歪曲媒体信息的实质，其结果就是思想革命。心理学家迈克尔·朗格把它称为通 170

过噪音“系统地操纵心理和社会影响”的过程。

我们的世界几乎从来没有安静过。然而，如果那些噪音如喷气式飞机或者私人飞机从我们的生活中消失了会发生什么事情呢？在“9·11”事件发生以前，美国航空管理局刚刚改变了从美国西北部到旧金山国际机场的入站飞行模式，这样从5000米的高度下降的商用飞机正好就在我们在索诺玛谷的家的上方飞行。我家附近还是美国私人飞行员训练单引擎飞机的训练场所。“9·11”事件以后空中交通禁飞48小时，空中看不到任何类型的飞机，除此之外几乎也没什么汽车交通。

恐怖袭击之后，胆战心惊的我和妻子在花园里静静地坐了一整天。人工声被禁止，我们竟然听到了此前在这个时间段从来没有听到过的一段晚夏的自然音景。金翅雀、灯芯草雀、丛山雀、五子雀、北美旋木雀、安氏蜂鸟、朱雀、红眼雀、燕子仍然发出微弱的叫声——我们从来没想到夏末能够听到如此清晰的声音交织。一度我们俩甚至面面相觑，为我们在没有飞机的情况下感到的精神上和身体上的恢复而内疚。在封锁期间，城市的孩子们看到夜空的时候一定会感到很震惊吧。

171

虽然我们还沉浸在昨日的恐怖袭击的震惊当中，但是我们还是欢迎这种治愈性的、令人放松的气氛。更让人惊讶的是，在事件发生后那些黑暗的日子里，我们收到了大量的邮件和电话问候，包括远在欧洲的朋友写来的邮件，都提到了那短暂的、笼罩整个领空的平静。每一个寻求帮助的人都会被那种宁静抚平，舒缓内心的惊慌——在那一刻被自然界展现的声音的丰富性所折服。我们想大声问问，我们的国家是否可以放慢脚步，比如过一个平静的国庆节，那样我们就可以花点时间捕捉我们的集体气息，欣赏来自我们自家后院的声音祝福。

作家加勒特·吉泽尔为我们提供了一个独特的视角：像“9·11”这样的恐怖袭击其实就是在不同文化噪音之间的战争。他认为，恐怖分子的部分动机在某种程度上可能是基于一种愿望，即不用承受西方文化噪音的压迫。他还说：“我怀疑我们根本不会愿意听我们敌人的声音，或者让敌人听到我们的声音，直到有一天我们能够通过敌人的耳朵听到我们自己的噪音。”

我们怎么去对付这些噪音呢？当我不得不忍受一场摇滚音乐会时，耳塞就很好用。但是，耳朵里塞了个东西，整个音景的质量也会大打折扣——既包括噪音也包括信号。所以耳塞这样的东西也只有在声学事件让人感到很痛苦的时候才有用。1986年，博泽公司发明了降噪耳机，它使用了主动降噪技术（ANC）。实际上它完成了人类大脑的一小部分工作。这种耳机不断地从周围环境中采样噪声，然后引入一个与音频波形相反的镜像来消除刺激性的背景噪音，如喷气发动机的声音。现在，普通的消音耳机的价格从30美元到350美元不等。然而，我们不能依赖这样的技术让我们生活的环境安静下来。

172

我们解决噪音的一个办法就是建造更安静的结构，以此找到喘息的机会。建筑始终影响着声音的传输和控制方式。中世纪的教堂结构能够减弱外在的声音而同时增强内部的声音，这种声音建筑设计理念一直延续到现在。大型公共场所的各个方面都经过了精心设计，在某种程度上控制了它内部的声音，消除了外在的大部分声音——无论人工声还是生物声。讽刺的是，现在这些结构实际上增强了路上的噪音，随之而来的就是人们需要安静的室内空间，用知识和资源来完全改变我们建造和居住的空间。随着城市空间变得越来越密集，噪音越来越大，我们有充分的理由去创造一种完全消除外界声音的结构，重新定义内部空间，使之符合我们最复杂的要求。

美国几年前的一次噪音调查显示，美国从 1996 年到 2005 年城市噪音上升了大约 12%。超过三分之一的美国人都抱怨噪音，超过十分之一的人觉得噪音让人烦躁。噪音问题变得如此棘手，以至于超过 40% 的美国人都想换一个居住场所。同时，随着四周的景观被改变以满足爆炸般上涨的人口需求，欧洲、北美、南美和很多亚洲地区都在忍受着人类噪音的急剧上涨。现在，城市噪音增加的强度已经达到人们难以在城市的公共场所待下去的程度。

173

认识到噪音对人类和非人类生命质量的影响之后，欧盟已经为汽车外部噪声设定了最严格的目标。下面是一个简短的对比表：

欧盟：74dBA

韩国：75dBA

澳大利亚：77dBA

日本：78dBA

美国、加拿大和以色列：80dBA

在美国，80dBA 也只是一个建议——而不是一个强制命令——只需要一两个因素就比欧盟的限制宽出很多。美国民众中有一部分人对政府干预表示怀疑，政府显然是“噪音等同于权力”这一理念的支持者。更严厉、可实行的控制措施不可能在短时间内出台了。

要想理解为什么今天美国的噪音管理没效果，我们应该再回到里根政府的最初几年。1982 年，噪音治理办公室的资金突然被终止，该部门也被迫撤销，借此美国联邦航空局对飞机噪音享受了独家控制权。1972 年颁布了《噪声控制法》，基于此法律噪音治理办公室才得以成立，此法律今天依然有效。《噪声控制法》写道："这项美国政策是为所有美国人提供一个不受噪音干扰的环境，使他们的健康和福利得到改善。"但是，由于该办公室的资金被停，噪音控制归各州管辖范围。由于各州的资金有限，记录也很不稳定，还有很多其他问题需要解决，噪音问题也只能被束之高阁了。

174

每个州对"噪音"的诠释也各不相同：大多数州选择尊重众多的特殊利益集团和说客，包括那些制造了大量噪音的行业，如生产雪地机动车、喷气滑雪、摩托车、沙滩车企业。环境保护局、监察机构、维权小组多年来一直要求恢复噪音治理办公室，但到目前为止都没有效果。

对我们大部分人来说，噪音带来的最终后果是听觉模糊。当世界经济从农业到工业再到软件时代过渡时，人的听觉环境正在被改变：高速公路、火车轨道、工厂剧烈改变了土地和音景。我们正在走向一个全球性的机器时代和与之伴随的噪音世界。现在，噪音充斥着我们周围，遮挡了美丽的音乐环境——虽然约翰·凯奇曾经把世间所有的声音称为音乐。就如萨莎·弗里尔－琼斯在 2010 年《纽约客》的音乐评论中指出的："对于现在很多的人来说，噪音不一定是侵略性的或疏远的元素，相反它比自然听上去更自然。"

175

第八章　噪音和生物声 / 油和水

那是一个春日，在 75 万年前形成的加利福尼亚州莫诺湖，准确说是在内华达山脉东部约塞米蒂国家公园东部，因为湖没有通向海洋的出口，随着时间的推移，湖水逐渐呈碱性并且盐度很大，大概是海水含盐量的两到三倍。肯·诺里斯是加利福尼亚州圣克鲁兹大学环境研究部主任，对这个莫诺湖本身兴趣不大，他感兴趣的是湖里是否生活着会发声的生物。作为生态位假说的早期支持者，诺里斯鼓励我用一个水听器去试一试。“我有一种预感。”他向我保证。

路南几百米到靠近 395 高速公路的莫诺湖北面，我发现一个浅洼地被约 15 厘米厚的新融化冰雪填满。3 月下旬，天高云轻，白天乍暖，夜晚仍寒。起初没有风，除了几只加利福尼亚海鸥，听不到任何别的声音。由于风沙和多孔环境吸收声波反射，高原沙漠环境让人感觉相对安静。此时一个声音脱颖而出。西部高山阴影遮蔽下的整个区域，大盆地的锄足蟾大概在下午三点同时开始表演，小心翼翼地将汇集的声音传送到充满水的浅洼地边缘的空中。

176

我解开电缆，小心翼翼地把水听器降到湖里，戴上耳机，打开录音机。突然，完全措手不及，我听到耳机爆发出各种微小的嘎吱嘎吱声、音调很高的尖叫声、破裂声和刮擦声，我推测这些都是生物发出的。录了一会儿，以防万一，我拿起带来的小水桶和铲子，在泥水里仔细检查，发现了划蝽、昆虫幼虫和蝌蚪，每一个生物都给刚录下来的湖水声音增加了新的声音。最终，我把麦克风和水听器插在不同的位置。借助水下水听器和水上的麦克风，我尝试弄清楚锄足蟾同时让声音进出栖息地对它们的生存是否至关重要。结果证明，确实很重要。作为首次真正聆听的听者之一，这真是一个令人振奋的体验。再次验证了诺里斯的直觉是对的。大盆地锄足蟾的确是奇妙的动物。

我曾在加利福尼亚州科学院做野外助理。期间我有机会拜访著名鸟类学者路易斯·巴普蒂斯。我到早了。没有任何寒暄，他就激动万分地问我："看到这个了吗？"他指着一个玻璃瓶，里面放着一个看上去像一个小包心卷（dolma，一道希腊菜，葡萄叶包饭）的东西。"这是一个蟾蜍壳。在没有食物和水的情况下，它已经坐在我的桌子上五年了，到现在还活着。""这怎么可能呢？"我怀疑地询问。"我不知道你竟然对蟾蜍也感兴趣。"他对我的评论并没有做出任何反应。他从桌子上站起来，拿起瓶子，洋洋得意地快步走到水池，接了大约6毫米的水，水量也就仅仅够部分湿润那个壳，他把瓶子又放回了桌上。会议之后，我们去吃午饭。几个小时后返回到实验室时，发现了一只活着的锄足蟾，它在瓶子里待了五年之后复活了。

177

条件合适，冬季在沙漠表面积聚的降水会融化，蟾蜍一旦接触到水分（蟾蜍被埋在硬质层沙漠土一米以下），会从它们的壳里露出锄头一样的脚，挖沙挖到地面，繁殖、下蛋和成长。完成了整个周期，会挖一米左右的通道，在那里它们把自己裹在一张几乎不透水的膜里，有时候一待就是几年，在浮出水面之前，还要再次忍受短暂的繁殖期（一只锄足蟾在野外的寿命大概是 11 年到 13 年）。当它们最终露出地面时，会聚集在之前说过的春天池塘旁边，用精准的合唱发声。

从历史的角度来看，锄足蟾发声有两个主要的功能：吸引伴侣和保卫领土。但是我们或许忽视了另一个重要的解释——与它们的生存关联紧密：同步合唱形成完美的自我保护。借助同步性，所有的蟾蜍一起出声，靠听觉捕食的动物比如狐狸、郊狼和猫头鹰不得不竭力瞄准每一只蟾蜍，因为没有任何一只是显而易见的。但是，如果有节奏的结构消失了，在尽力弥补合唱中的位置时，个体就很容易引起捕猎者的注意。鸟类猛禽和犬科动物机会主义者永远都在等待这一时刻。

178

合唱可以用来保护自己避免被捕猎。在有限的物种世界，蟾蜍听到的每一个声音都不同。每一只锄足蟾发出的声音特征都有各自的特点，所以群体其他成员听到声音时，可以挑衅式地争夺配偶，也可以借它们的声音通过合唱保护种群的完整和生命。但是，考虑到我们制作细声区别的有限能力，我们并不是那么容易就能够听出单一生物之间的不同。集体行动可以保护种群里每一个发声的成员。

179

图 10 展示了在顺序上，锄足蟾合唱时在序列中没有任何中断，也没有受人类噪声干扰的状态。这是一个强有力的组合，大概 10 秒之内借助聚集的数十只蟾蜍的声音讲述了一个完整的故事：这个声谱图就是根据这 10 秒的音频做的。

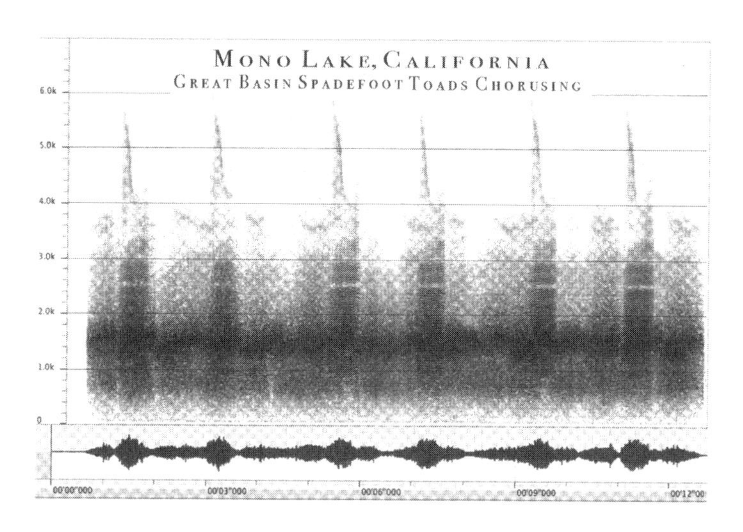

图 10 大盆地锄足蟾合唱

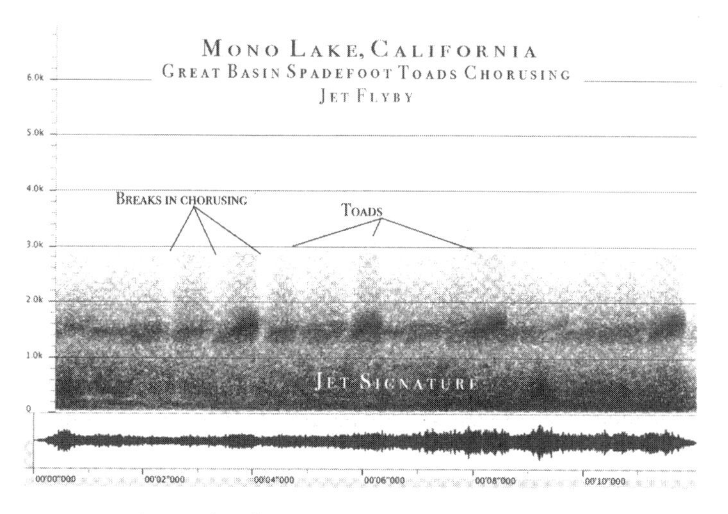

图 11 受军事飞机飞越领空影响的锄足蟾合唱

图 11 说明了故事的结局。这 10 秒的片段展现了当一架军事飞机低空飞过距此地点西侧 6400 米的地域时，我们看见发生了什么。在我们的检测位置测量噪音达 110dBA，轰鸣声掩盖了蟾蜍的声音，可以看到大多数飞机信号在 1000 赫兹以内。从图 11 可以看出，合唱过程中断，蟾蜍群体能量减小，远没有图 10 合唱时那般强劲。这些“中断”为捕食者提供了一个短暂的机会。在这个时刻，蟾蜍需要一些时间重新建立具有保护性的声音联系。噪音消失之后的 30 到 45 分钟，我和妻子在我们附近的宿营地观察到几只郊狼和一只大角猫头鹰悄悄靠近，试图在蟾蜍重建同步声音时趁机抓住几只。

180

并不仅仅是单一物种的声音，还有那些和交配、领土、交流或者防止被捕食相关的声音都受噪音的影响。人类制造的噪音影响整个生物声。20 世纪 90 年代早期，某个上午 10 点左右，我在亚马孙录制声音。一架多引擎的飞机在八九百米的高度直接飞过我们的研究地点。引擎发出的轰隆声如此巨大，以至于它彻底地掩盖了鸟儿和昆虫的合唱。我们查看噪音对音景的影响时，发现这个干扰造成很多生物停止发声，引起一些生物明显地改变了它们的模式。开启完整生物声里短暂中断的可能性，会导致许多生物成为伺机掠食者如鹰或候补哺乳动物的牺牲品。早上动物发声的行为被飞机引擎声严重地打乱，而这段时间长到足够让上述事情发生。

图 12 代表一段 12 秒的声音片段，展示了从黎明到上午 10 点合唱期间昼夜过渡时的正常生物声。请注意昆虫、青蛙、鸟儿精致的生物声模式。图 13 也是一段 12 秒音频片段，采取同样录制顺序，展示了因为飞机在头顶飞过，生物声是如何中断的，它的完整性被引擎的

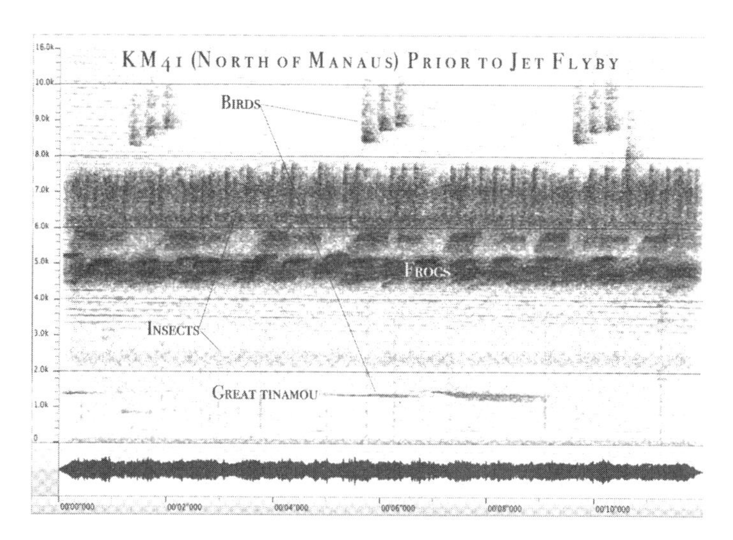

图 12　亚马孙黎明到上午 10 点左右过渡性的生物声

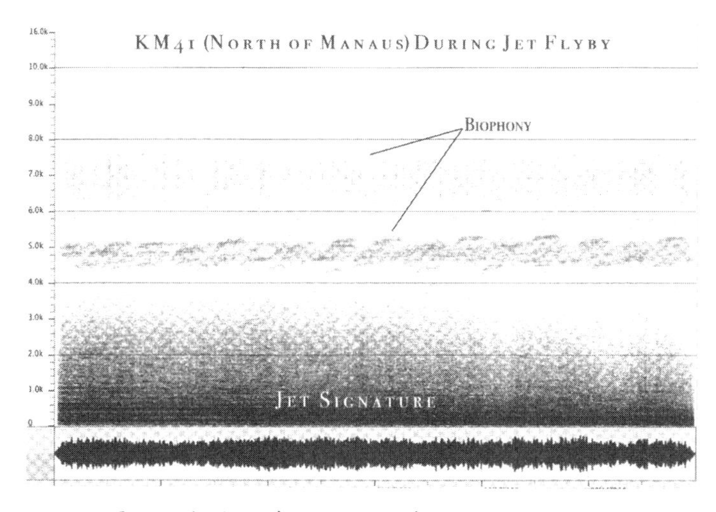

图 13　与图 12 在同一地点，有飞机飞过时的生物声

182

噪音彻底粉碎了。约 5 分多钟后，飞机的噪音才完全消失，这也是飞机飞得低的效果。如果飞机飞得更高一些，噪音可能会持续得更久。

就像在亚马孙，噪音对内华达山脉里生物声的影响开始逐渐引起 181 大家重视。21 世纪初，密歇根州立大学的斯图尔特·盖奇及其同事和我一起需要共同做一项长达一年的原始音景项目，借此研究红杉和国王峡谷国家公园，公园位于约塞米蒂国家公园的南部，面积虽大但是却不是像约塞米蒂国家公园那样闻名。我们的目标就是从四个地点建立四个季节的一个基本的音景集合。5 月末，我们才刚刚架起我们的麦克风系统，测量春天黎明合唱团的动态。凑巧就在那时，从附近的勒莫尔海军航空站起飞的一架 F-18 军事飞机从头顶飞过。虽然飞机高度在我们头顶 3000 多米以外，但是声谱图一端的低频率轰隆声加上飞驰而过的高速飞机的尖叫声导致生物声戛然而止。六七分钟后飞机的噪音逐渐消失，整个地区又恢复了安静，但黎明合唱并没有达到没有飞机噪音时我们录下的最高水平。

位于红杉和国王峡谷国家公园的西太平洋地区国家公园管理局的首席科学家戴维·格莱伯告诉我，在过去将近 20 年的时间里，无论是物种组合还是鸟类总量一直在减少。近几年来，从中央山谷到北方的严重空气污染、间断性干旱、气候变暖、各种各样机动车噪音，以及从维塞利亚附近的空军基地起飞的喷气式飞机带来的越来越多的噪音无一不在影响着这个公园。戴维·格莱伯并不确定哪些元素导致了物种数量和鸟类总量上的明显变化。最初，虽然蟾蜍和青蛙的数量在 183 减少，但是其他物种的数量似乎比较稳定。注意到了噪音问题后，格莱伯决定支持我们的研究。作为我们提案的一个要素，这项研究把噪音作为一个推进政策指导方针的具体的问题。

红杉研究项目采用了新的技巧声音模型，希望借此能够测量一系列影响自然音景的因素。这些包括格莱伯所关心的栖息地地貌问题和生物群落的特点（我们同时在公园的四个不同地点工作：橡树森林、边缘的灌木丛、河边和高山）。在这一过程中，我们开始确定许多人都本能地感觉到了一段时间的迷失。我曾经在美国西部录制的每一个地点和那些我再次返回去录制的地点，开始出现的一些模式，比如鸟的种类数量和总体数量密度的改变，跟我们在杰克逊·霍尔的工作所显示的一样。从红杉公园收集数据的早期迹象显示，即使一些远距离制造噪音的装置也会打乱听力范围内生物群落的黎明合唱：在同一时刻产生累积效应。虽然自动监测站的不完善使我们不能确认那时候的观察，但一个地点生物声音混合的改变在周边地区产生类似的生物声学效果。

渐渐地，我们正在构建的长期音频收集数据表明，在许多环境中，许多物种的生物密度、多样性和丰富性都显著地减少了，其中包括一些非洲地区、阿拉斯加、亚马孙盆地、哥斯达黎加和美国西部。但是，我们还没有完全理解决定噪音入侵的恢复幅度的操作机制，还没有完全了解确定噪音入侵恢复率的操作机制（生物声是否能真正恢复）。像之前提到的，如果生物群落生理上没有受损害，有时候自然音景从一件事情的影响中恢复可能只需要几分钟。但是根据人类干预对栖息地影响程度的不同，恢复可能需要更长的时间——一个小时或者一天甚至是几年。像很多博物学家观察到的那样，一些鸟类比如椋鸟、老鹰、乌鸦、麻雀、知更鸟和一些哺乳动物比如郊狼、少量美洲 184

狮，它们住在嘈杂的城市环境里或城市周围，它们似乎某种程度上已经习惯了我们人类制造的噪音。还没有准确的数据解释它们是如何适应这些声音环境的。但是，就像曾经野生的栖息地一直在减少一样，人们发现越来越多的野生生物在靠近人类住所或者在人类住所范围内适应了新的环境。

20 世纪 60 年代，我第一次冒险进入野外实地录制时，噪音还不是一个很大因素。受模拟系统录制的时间限制，我们不得不有选择性地录制。但是带着那么多装备到处走，活动录制时间又有限，我们根本无法找到很多理想录音地点（很多地点在当时仍然是可行的），因此我们不太可能有机会听到被打断的声音。

20 世纪 80 年代，更轻、更便携的数码录音机面市，我们可以有更长的录制时间。于是我们开始捕捉越来越多的声音，不仅因为噪音更多了，也因为录音时间延长了。噪音开始变成一个显著且严肃的问题，因为它掩盖了原始的音乐结构。随着时间的推移，处理录制声音的数字音频软件逐渐完善，处理和归档大量现场录音也越来越简单，所以当我们能够明确自然音景时，录音的功效比以往任何时候都要更强大。

185

现在，采用太阳能数字技术，根本不需要带移动设备（如闪存卡），不仅不需要带磁带，也不需要完全依赖硬盘储存数据。我们可以把大量录音存储在指定云盘，每一个单元能连续录制几百小时，录音质量比之前还高，远远超出 15 年前使用的最好最贵的设备制作出来的录制效果。

在为数不多的古老森林里的嘀咕声和叹息声中仍然可以追溯音

乐历史的根源。一些地方在有人类存在的地质时期，有组织的声音可能只发生了些微的变化。但是隐藏在声波信息里的丰富性越来越难听到，因为生物声经常被掩盖了。噪音对我工作的影响成倍增加：由于土地开发和资源开采，现在要录制 1 小时无噪音的音频所用的时间是我 40 多年前录制同样长度音频的 200 多倍。从数量上看，真正的野生栖息地越来越少，人类居住地或者工业总是会发展到野生栖息地范围内。根据多年的野外实地经验和一个小时内能够录制的野生栖息地未受干扰的自然音景的多少，我猜测：80%—90% 的生物群落大部分时间能够听到人类制造的声音。

186

噪音减少了我们在野生场所的体验。噪音诱发的压力导致生物行为本身也发生了类似的改变。从观察被捕捉的野生动物我们知道，它们受城市音景环境影响很严重。（当然，人工饲养本身也会带来自身的行为压力问题。）例如，1993 年一架军事喷气式飞机在例行飞行训练中，在距离斯德哥尔摩北部 480 多千米远的瑞典弗朗索动物园（Frösö Zoo）上空飞过。老虎、猞猁和狐狸被飞机声惊得不知所措。此情景下，这些动物吃了它们 23 只幼崽，包括 5 只稀有的西伯利亚小老虎。为竭尽全力保护它们的后代免受噪音的袭击，这些受到惊吓的动物决定吃掉它们的幼崽。

蒙大拿州立大学教授斯科特·克里尔公布了一项著名的研究结果，内容是 2002 年在罗亚岛黄石国家公园和旅行者国家公园雪地车的噪声对狼和麋鹿的影响。克里尔和他的同事测量了狼和麋鹿粪便中的糖皮质激素，以得到动物应激反应研究中的一个指标。糖皮质激素的分泌状况是典型的内分泌对压力的反应，在许多哺乳动物中发现其

187 增长水平与血压有关。研究发现在两组粪便中的糖皮质激素与噪音水平成正比关系。没有雪地车噪声时，糖皮质激素水平滑落到正常。尽管噪音能够诱发压力这一点已经是显而易见，但克里尔仍坚持噪音对某一群动物的群动态没有影响。（这项研究是由密歇根州的木材企业部分赞助的。）

噪音进入到某个音景会扰乱一个生物群落的正常声音动态，动物容易表现出不安的行为，其中一个迹象就是它们或者变得安静或者通过警报喊叫表达内心的恐惧。

有些动物受到的影响更显著。在一张声谱图里，某些昆虫的声音中途消失的情况经常发生。如果噪音是侵入性的，并且有足够宽的带宽，噪音就会掩盖住青蛙、鸟和哺乳动物的声音，事实上这些动物会停止发声。在雨林里，猛禽、大型野生猫科动物，以及其他食肉动物会根据音景的细微变化调整它们的行为，对食肉动物来说已经越来越难听到它们的猎物。同样，对于猎物来说，也越来越难听到潜在危险的声音。

海洋环境噪音会引起鱼类群体性改变方向。我们中的很多人已经目睹了，如果我们轻轻碰一个装满相同种类鱼群的大鱼缸边缘，鱼群几乎瞬间就会改变方向，向与噪音相反的方向游去。噪音还有可能削弱哺乳动物和鱼类的免疫系统，如经常暴露在雪地车噪音下易减弱动物对疾病的抵抗力，这是应激激素水平过高的自然生理结果。

在一些极端情况下，当噪音超过一定的容忍度，很多鲸鱼和海豹

188 会搁浅死去，因为如果陆地上畅通无阻，进入海洋环境的声音就能够传播很远的距离。水下机械或电子噪音会带来的特殊问题已经是显

而易见的问题了。评估美国海军超标排放的低频主动声呐带来的影响时，噪音被认为是引发巴哈马群岛和地中海居维叶突喙鲸死亡的因素之一。1912 年“泰坦尼克”号沉没不久，英国和加拿大的研究者开始用低频测距设备进行试验，并且研发了原始振荡器和水听器，用它们探测第一次世界大战初期的潜水艇。第二次世界大战时，潜水艇和造船声呐技术有了很大的提高，具有相当准确的接收率。与蝙蝠的回声定位一样，潜水艇发出测距信号，信号遇到远处的物体会反弹回来，以此决定物体间的距离（通过回差信号）；物体是静止的还是移动的；如果是移动的，大概朝着什么方向，以什么速度在移动。

冷战期间高级军舰设计和建造技术突破，船舰更加安静，使探测更加困难了。这种情形下，更加精准的探测设备变得必不可少。到 20 世纪 80 年代，美国海军决定采用低频活跃声呐（LFAS）。在没有任何环境影响报告书（EIS）的情况下，美国海军绕过《濒危物种法案》和《国家环境政策法》（NEPA）要求的许可证，开始测试。到 1996 年，在多次鲸鱼搁浅和越来越高涨的公众不满情绪下，美国海军同意派一个团队进行评审，主要任务是评估环境对生物声音的影响，尤其是海洋哺乳动物。此项目被称为科学研究项目，研究团队来自政府和研究学院。团队检测到，海军系统的输出超过 235dB。在距离源头 480 多千米的地方，噪音还保持着 140dB 的强度。这一噪音强度对此范围内很多海洋生物都具有潜在危害，甚至有致命的危险。2003 年旧金山法院宣判，美国海军须降低该系统的使用频率，避免海洋野生生物受到伤害。

189

2001 年，鲸鱼生物学家、鲸鱼研究中心的创立者肯·巴尔科姆给

LFAS 项目经理写了一封公开信。在信里，巴尔科姆说：

> 当居维叶突喙鲸经由 LFAS 或者中频声呐在空域共频振率中暴露在高强度的声呐下，是非常痛苦的体验，甚至会危及它的生命安全。想象一下，一个足球仅因为空气压力被压成一个乒乓球大小，这个乒乓球在一秒钟之内要几百次地被压缩和释放，而这个乒乓球就位于你的大脑里，在你的两眼之间。这就是居维叶突喙鲸所遭受的可怕体验，这都是美国海军 2000 年 3 月在巴拿马群岛进行声呐探测造成的结果。空域共振现象导致出血，而出血又导致鲸群在巴拿马群岛搁浅，死亡。

LFAS 信号能够把高水平的信号传播 19 千米到 97 千米远的距离，LFAS 信号的致命危害影响了喙鲸和其他的海洋生物，比如海豚、小须鲸、逆戟鲸和鱼类。

声呐并不是人类制造出来唯一影响海洋生命的声音来源。当我在攻读博士学位的时候，曾参与一项阿拉斯加冰川湾的研究，项目旨在确定为什么虽然有足够的食物源，冰川湾的座头鲸数量却一直在下降。座头鲸被发现隐藏在岛屿陆地或巨大冰块的声影里远离它们认为危险的地方——大型游轮的螺旋桨和发动机发出的巨大噪音。报告称没有节制的船舶噪音是座头鲸数量下降的主要原因之一。几年以来，报告都没有对公众公开，因为内政部部长命令国家公园管理局销毁这些研究发现。考虑到对游轮可能造成的负面影响，管理局最终服从了这个命令。项目主要负责人查尔斯·朱拉茨从此不被允许进入冰川湾确认数据或做后续研究。当我问他是否尝试争取，他告诉我他曾经试

190

过很多次，但根本无法获得必要的许可继续他的工作。接二连三的拒绝让他心灰意冷。但是，朱拉茨因其座头鲸气泡网的突破性和可识别性工作，最近被美国国家海洋和大气管理局授予了荣誉。

过去几十年，船舶发动机、船体、螺旋桨设计，旨在减少振动，所以冰川湾游轮发出的噪音有所缓解。最近的报告显示，鲸鱼数量已经回升至“接近正常”的水平。国家公园管理局派驻在冰川湾入口的巴莱特湾（Barlett Cove）的两位员工阿里森·班克斯和克瑞斯·加布里埃尔告诉我，2010 年 6 月座头鲸又恢复往昔了。

191

最近公布的一项关于海洋环境中人造声音的研究，荷兰莱顿大学生物研究所的汉斯·斯莱博考恩演示了短时间内暴露在巨大的工业声音，比如爆炸和声呐侦测声下对鱼类伤害的情况。和海洋哺乳动物接收、处理声音不同，很多鱼类有两个器官，能够探测出海洋压力波。一是内耳，它们没有中耳和外耳。内耳能够探测上千赫兹的频率。另一个是侧线，一个薄薄的器官，在鳃到尾部的一条又直又窄的线里，可以感受到低频率声波（通常指 100 赫兹以下的声波频率）。

暴露在噪音下的时间越长，越大区域和越多物种会受影响。斯莱博考恩注意到，

> 最近的实验证据已经明确表明，声音可以改变鱼的择偶决定。雌性慈鲷鱼在两个大小和颜色相类似的雄性之间作选择，它更喜欢与再现同种声音的雄性互动。但是，过往船只的声音最多会减小 100 倍的探测距离。导致检测距离减小的掩挡物或所谓的活跃空间可能会导致吸引配偶失败。

因此，噪音会影响性选择、繁殖周期和种群动态，但是具体到什么程度目前尚不清楚。

一些书籍还都是基于最近国家公园管理局的那次噪音研究。2009年和2011年的研究，由杰西·巴伯、凯文·克鲁克斯、库尔特·弗里斯特朗普主持，主要检查噪音对所谓“有效的聆听区域”的影响，动物声音信号所在的区域，以便动物能听到和做出回应。研究采用了多种方式探测，每种方式都证明即使是最低水平的噪音被探测到（比如从风电场、飞机或道路交通提高3dB），也可以减少30%的感知区域（研究动物接收各自生物声信号的能力）。这些研究很重要，它们不同于先前的研究方向，将问题集中在人类制造的噪音能通过技术或实时监听加以辨别。换句话说，以前重点集中在飞机制造的“听得见的噪音”，并没有涉及对动物的影响、因果行为和对参观者体验的影响等关键问题。相反，新的研究开始解决人类制造的噪音对生物链中所有生物体的影响方式，以及飞机（或者其他）噪音种类对动物行为和参观者体验的影响。最后，接受这些基本问题，研究人员开始审视更大范围内的因果关系的证据，侧重不同物种受不同类型噪音、不同方式、不同时间、不同季节的影响。

在我还是孩子时的一个深秋假期，父母带着我和妹妹去黄石国家公园白雪皑皑的山谷度假。从我们当时站着的地点，位于西黄石公园入口和老忠实间歇泉之间中途的位置，俯瞰一个开阔的山谷，四周人类的噪音无影无踪，在靠近大路的地方，时不时地会被乌鸦的叫声，松鸡、喜鹊、角云雀、麋鹿和其他被吸引到低海拔地区为求更好保护和食物的动物叫声打断。常常，四周是如此安静，以至于我们可以顺

192

193

着生物的呼吸声寻找到生物，隐约地躲在白雪覆盖的田野上。更微妙的是柔软的空间纹理，远处溪流的肃静和上游针叶树中飘过的丝丝微风形成一幅美好的画面。直到如今，我还梦想着那迷人的时刻。我父母半个世纪以前为了能听到风声一直在路边来回地走。

2002年2月，我又一次站在与父母当年站过的同样的地点，当初的魔力已经不再，被噪音和烟雾彻底破坏了。最近，通过限制噪音、速度、四冲程循环技术，以及不定时限制公园里机动车数量，雪地车问题一定程度上有所缓和。但是没有一方是百分百满意的。极端（如果你可以称之为“极端”）环保主义者不希望公园有任何雪地车或直管道摩托车的噪声；玩雪地车的人不喜欢被公园限制速度或必须跟着旅游车队，因此就产生了一个限制了个人“自由”的政府机构。至少现在有了一个选择：在西黄石公园外有3000多千米的开放、不受限制的国家森林小径。但是为了保证公园里的宁静，在我们这些人的保护范围之外，再没有类似的天堂之地了，而且，如果没有长时间的徒步旅行，几乎很少能遇到那样的环境了。

国家公园都是受保护生物区域，这是美国国会立法通过的。但是人为噪音比如黄石公园雪地车的噪音，在许多乡村公园里已经成为一个问题了。

在大峡谷，观光飞机和沿着谷边呼啸而过的蒸汽火车的噪音干扰了令人敬畏的遐想，本来旅客是来享受站在峡谷上远眺或在峡谷里徒步旅行的快乐的。公园的宣传照片只能传达愉悦体验的很小一部分。

194

在大提顿国家公园（位于美国怀俄明州）里，有一个机场就在杰克逊洞小镇的山谷中间，这是唯一一个位于国家公园内的机场，从早上 6 点到晚上 11 点每小时起飞 20 架飞机。美国最美丽的景点正在不断地湮灭它的自然音景。（大部分是私人航班。而在 2007 年，该机场每天仅仅起降 7 架商用飞机。）沙滩车和野外泥地比赛用的摩托车在许多地方都破坏了自然的宁静。

希望之光仍然还是有的，虽然有点晚。我们开始明白原始的自然音景与视觉可见的景观一样是自然保护区，是自然资源，自然音景与自然野生世界的可观赏性和保护意识一样重要。唯一的联邦噪音管制局在 1982 年归联邦航空管理局管辖，国家公园管理局现在很难独自应对噪音问题。在认识到了人类和自然音景之间的关键联系后，国家公园管理局积极发展教育推广，加强管理，保护自然音景这种宝贵的资源。

已故的韦斯·亨利的同事比尔·施密特从 20 世纪 90 年代中期到 2001 年默默地做了很多努力，主持了声学研究项目。国家公园管理局声学项目期间，自然音景成为游客体验和生物保护的重要组成部分。亨利、施密特和后来加入此项目的同事认识到，公园里有大片可以欣赏到音景的场地。游客对国家公园噪音的反应也极具说服力，国家公园管理局和内政部开始相信，尝试用不同的方式去聆听和对待音景是很重要的，重视游客的感官体验很必要，也很重要，对野生动物的生活和对栖息地的知情管理也是非常必要的。

195

类似这样的努力已经产生了积极的效果：黄石公园的雪地车已经得到了适度的控制和调整。在落基山国家公园上空，旅游观光飞机也已经基本消除；大峡谷上空的飞行针对飞机数量、飞行区域、飞行时间和飞行条件有了不同的限制。联邦航空局和国家公园管理局会时不时审查整改，当然这些审查整改很大程度上是受政治影响。最近，大峡谷旅游观光飞机的噪音更加严重。在撰写本书时，根据环保组织塞拉俱乐部大峡谷统计数据，白天旅游观光飞机的噪音显著增加，其中有 75% 的游客全程都听到飞机的噪音，其余 25% 的游客即便在公园最偏远的地方，60% 的时间还是能听到飞机的噪音。然而，从 2000 年乔治·布什当选总统以来，优先事项发生巨大变化，政府注意力更多集中在其他更紧迫的问题上，噪音政策的最终命运难以预期。鉴于当时的政治气候，政府中很多人反对环境保护，这意味着至少近期内会有一些如游客音景项目这样的活动将面临很高的风险，不会像最初计划的那样继续得到高层的支持。

事实上，我认为自然音景这一观念对某些人来说是一种威胁。有 196 一次，我被韦斯·亨利委任为声学项目写游客音景活动计划书，题目是《国家公园里的自然音景：一部关于聆听和录制的教育性项目指南》。一开始，项目在“自然音景项目”名下管理。目标是为了给游客一个完整的感观体验，保护野生动植物，保护公园里面的自然音景，其范围包括公园和内政部（DOI）负责的其他地区。该活动赋予大量人群接触自然世界声音的机会，否则很多人根本没机会欣赏。但是，“自然音景项目”在 2004 年被改成“自然声音项目”：一个很中立的说辞。而这种提法根本不可能引起共鸣，连那些原本关注此项目的游客随着名称的更改也慢慢不再关注。

表面上，改变一个名称似乎不会产生什么严重后果。但是没有其他政府部门强有力的影响，这件事情根本不会发生。这个改变很大程度上削弱了之前推进的、对一些深刻见解的探索。

堂·杨和理查德·庞波当时分别是众议院拨款委员会主席和加利福尼亚第十一区的前代表，都曾经恳求过内政部部长盖尔·诺顿将项目更名。他们认识到“音景”这个说法有很多隐含意义。

197 豪伊·汤普森，退休前曾是国家公园管理局音景项目的一员，同时也是声学项目的支持者。他回忆说，迫于2004年年初的政治压力（杨和庞波在2003年11月写了一封信所导致），当时的国家公园管理局负责人弗兰·马伊内拉宣布，从诺顿办公室传来的消息，建议整个项目小组把名称改为“自然声音项目”是明智的。交通及基础设施委员会（监督内政部的组织部门）主席堂·杨下达命令，清楚地表达了他对限制开放公共空间的不满，对试图把限制付诸实践的实施者的蔑视。杨在这方面的热情可以在2006年《滚石》杂志*里的一篇文章中得到印证，文章还引用了杨的原话：“环境保护主义者就是以自我为中心的一堆臭屎，毕业于哈佛的高知‘白痴’，他们现在不是美国人，过去不是，将来也不会是美国人。”在争论阿拉斯加原住民出售濒危动物的性器官的权利时，他拿出一个46厘米长的海象阴茎骨，在众议院里像挥舞着一把剑一样挥舞着它。

当韦斯·亨利和比尔·施密特发起声学项目时，国家公园管理局想双管齐下，一方面减轻旅游直升机、固定翼飞机和地面运输制造的噪音，另一方面因为自然音景的自身价值（综合游客项目和音景主题活动）而努力保护自然音景。后者在让人们意识到保护自然音景的重要性上迈出了重要的一步。但是，据豪伊·汤普森之言，小布什政府

* 《滚石》杂志是美国一本半月刊杂志，主要关注流行文化。——译者注

被杨和庞波写给诺顿的警告信煽风点火，除了一个现存的小型网站没有改动，声学项目中的重头戏——游客部分都偏离了主题，以最低限 198 度执行。同时，拨给国家公园的联邦资金资助也大幅度地降低。当时政治决定的潜在意义在于系统内的大部分操作都被外包和私人化。作为一项重要的资源，音景观念最初是为游客设计的，在后来几年里此观念在机构内部再没有同样的重要性。2011 年的春天似乎有了转机。国家公园管理局“自然声音项目”在科林斯堡办公室发布了一份内部解释手册《声音的力量》，再一次计划把自然音景的概念介绍给公众。

问题是自然音景本身是我们现有的最有潜力且未开发的开放信息来源，包含我们的起源、历史、文化现状、未来解密。我们需要情感教育、优雅、耐心和好奇心才能找到这些答案。纯粹的、没有偏见的、随意的生物声包含了我们所需的声音指南针，引导我们前进。随着海洋和气候变暖，潮水上涨，磁极转换，作为相互影响的结果，生物声的调整几乎无处不在，其中有很多调整我们到目前还没有完全理解。一些栖息地包含发声生物的全新混合，而另一些已严重枯竭或完全沉默。

199 当噪音变成我们环境的一部分，我们只能耗费更多的精力过滤掉它。但是，当我听到用熟悉的模式组织起来的音景，我的注意力自然而然地被它吸引，有时候甚至以非常积极的方式。10 多年前去世的父亲，在他 80 多岁时患上了额叶性痴呆，不得不卧床。在助步车或护士的帮助下能移动很短的距离。在他 90 岁时，我们为他在一家有小舞池的饭店举行生日派对，我们播放了一些节奏感很强的舞蹈音乐。音乐开始后的几秒钟，他从轮椅里站起来，自己移到舞池的中央，和他的孙子们和其他亲戚在没有任何辅助的情况下，意气风发地跳了二三十分钟。聊天、看电视、给他读书并没有帮助他和现实联系在一起，看护间里精心的看护也没能让他自己站起来。只有有组织的声音，一个和过去世界相连的古老的连接才能够让奇迹产生。

奥立佛·萨克斯在他的著作《恋音乐》里提到，患有各种各样疾病如帕金森或大脑肿瘤的病人，当他们发现了一段熟悉的节奏或曲调时，他们似乎换了一个人一样，会忘却他们目前的呆滞状态，和音乐成为一体，拍手，扭动他们的身体，唱歌，或真正跳起舞来。有组织的自然声音的效果会是什么？路易斯·萨尔诺在巴特瓦族部落找到一部分答案：当他们由于和现代接触而忍受压力，精神支柱和人口数量上越来越微弱时，他们传统的、森林深处远离文明的家园音景对他们有着神奇影响。如同音乐对我父亲的影响一样。

200

第九章　希望的尾声

1990年初，我们到巴西米纳斯吉拉斯州贝洛奥里藏特市的一个受保护的小型生物岛上录音。在路上，在里约热内卢短暂逗留一晚。通过一个好朋友的介绍，我和同事被邀请和安东尼奥·卡洛斯·裘宾一起参加晚宴，他是著名作曲家，创作过《来自伊帕内玛的女孩》《托卡塔曲》和《单音桑巴》等著名歌曲，是波萨诺瓦音乐的先驱。当“汤姆”（巴西人称呼他为汤姆）听说了我们的音景任务计划后，他与我们畅聊回忆童年时光直到第二天清晨。小时候他和朋友们在丛林的树荫下玩耍，和亚热带动物一起演奏音乐。他还模仿了他最爱的鸟、青蛙和哺乳动物的叫声和歌声，其中很多声音现在已经不复存在。他模仿时的自然和从容让我们意识到，我们不同的发声法本身就是母语的一部分。他对雀形目鸟（一种雀科鸣鸟）凄美的模仿如此清楚，以至于周围的人都四处张望，看看是不是饭店里真的有鸟。

201

“真让人伤心，”他慢慢地一边摇头一边说，“几年以前，我发行了关于鸟类的专辑。早上你们前往的贝洛奥里藏特以北 400 千米的地方是世界上自然奇观之一，是我和朋友过去一起玩耍的那片森林的地方。唯一不同的是，过去丛林的边缘就在离这家饭店的步行距离内。上次我去那里的时候，声音已经几乎不存在了，森林被切割成一小片一小片，被农场和城市建设包围，丛林的面积大大地减小了。那里是曾经伟大的大西洋雨林。”

太阳即将升起的时候我们才最终返回到我们的酒店。没来得及冲澡、换衣服便从繁忙的里约热内卢赶往里奥多西。我们宿营地的周围是 30 多米的落叶树。到达后，第一次徒步行走到森林时，我们很幸运，在高耸的树冠里发现了一群稀有的金头狮狨猴，并且还录下了声调完美的啁啾声。以后我们再也没有听到过或者看到过此情此景了。

曾经住在这个壮丽森林里成千上万的物种现在已经无影无踪。有的已经灭绝了，有的迁徙或者去更大无碍的空间了。等我们到达的时候，曾经充满活力的原始森林栖息地只剩下了不到 1%。常驻博物学者告诉我们，即使腾出更多的地，让这些地从农业恢复到野生状态，再次引进一些动物比如狨猴时，也只是取得了小小的进步，毕竟恢复起来很慢，需要很长的时间。很多野生生物包括人类和野生动物间曾经建立的动态平衡，自 20 世纪起就从这个迷人的场所消失了。我们可以深深地感受到动物密集度的下降。我们能够录到靠得很近的一些罕见的毛蜘蛛猴和吼猴，但是鸟的叫声很轻，很稀松，即使昆虫的声音都很难捕捉。生物声太弱，远不及我们预期的雨林，甚至是干燥的树林那样丰富，就好像《蜘蛛侠》这样由几十个演员组成的百老汇剧目被缩减成一个由三人扮演的小品。我的同事因为录制到了猴子声而

202

狂喜，但是当我们看到几乎所到之处那难以置信但显而易见的破坏时我们的狂喜被悲伤替代。对我来说，目睹眼前的乱砍滥伐就像是失去了一位挚爱的家庭成员那般让我痛苦。那是一种永远不可能被彻底忘怀的失去。我们所到之处，没有一个地方能让我们远离现代人类幽灵般的影响。

我们用人类制造的噪音淹没了生物声和自然声中错综复杂的自然声音。我们在改变、破坏野生的自然世界，当然，我们越来越意识到这一点。经济全球化忽视了自身发展带来的后果，自然以声音的方式告诉我们，野生世界的缩小程度是发人深省的。

我总共录制了超过15000种物种的声音，收集了45000多小时的自然声。根据我的记载，将近50%的栖息地已经受损严重——如果不是生物声寂静无声。曾经声音丰富的自然音景现在只能依靠收录的声音档案才能听到了。从录制的时长方面，它或许不算最长的，借助太阳能支持的数字技术，现在一个月在某一地可以收集数千小时的数据。但是我在现场录音强调质量而不是数量。我收集了生物声还存在时的神奇大地的最大的、最古老的音景，而其中的很多我们现在已经不可能再听到了。为什么有这些变化？最显而易见的原因是代表性栖息地的消失。第二个原因是人类噪音的增加掩盖了残存环境中微妙的听觉纹理。二者直接导致构成典型自然音景、主要发声的生物在密集度和多样性上的减少。

203

科学家普遍认为在我们的星球上，曾经发生过五次大规模的物种灭绝。最近在纽约举行的“世界科学节”的主题是第六次灭绝。第六次灭绝的故事发生在我们生活的全新世时代，一个开始于大概一万年前的时代。对于某些动物来说，这个时代包括整个人类的农业文明，始于上一个冰河时期的地球自然变暖周期，即我在这本书的开始几页写到的时期。在“全新世”的开始阶段，生物数量和种类都在一个高峰上，这是我们今天几乎想象不到的。但是，无论动物们迁徙到何地，大量的物种仍消失了，通常从大型哺乳动物——大型动物群——以及容易捕捉的地面栖鸟类及其幼雏开始。现在，根据20世纪90年代生物学家爱德华·威尔逊曾经做出的一个估计，每年大概有30000种物种消失。2005年，威尔逊修改了这个预测，根据目前人类干扰生物圈的速度，到2100年地球上有一半的生命形式会消失。

204

住在澳大利亚、新西兰、太平洋的较小岛屿、加勒比海、地中海、南非沿岸地区的人类利用了丰富的动植物资源。这不是全球气候或天文事件，比如小行星撞击地球等导致的损失，这是对我们居住环境的改变，是我们将微生物、老鼠、家猫和其他有侵略性的物种引入新的栖息地，从而增加了这些生物的影响。

比如夏威夷，对于一些人来说或许是天堂，而对于另外一些人来说，它被认为是世界的灭绝之都。当欧洲人还住在这个岛上的几个世纪里，140种鸟类中一半已经消失了。这也不能全部怪罪在欧洲人身上。许多鸟类的羽毛先后被波利尼西亚皇族、美洲殖民者视为珍品，所以那些有着美丽羽毛的鸟儿根本没有什么幸存的机会。大约600年前，一件完全由羽毛缝制成的波利尼西亚斗篷就需要猎杀几千只鸟。软体动物和一些昆虫，比如各种各样的飞蛾也消失了，这是因为它们的栖息地被人类的干预彻底地改变了。

非洲东海岸的马达加斯加岛上，15种狐猴、象鸟（又名隆鸟）、倭河马、巨龟都已经灭绝了，更不用说那90%的低地森林和大约一半的动物，包括当地的昆虫和鸟类。森林不再是马尔加什人赖以生存的栖息之地。日益加速的损失周期变得一目了然，这不仅仅依据我们所见到的和所听到的，甚至可以依据我们没见到的和没听到的判断。想象一下，如果不是因为那些物种灭绝，我们现在或许还在听着音景。 205

如果我们将目前的情况与我们了解的16000年前的情况作对比，会发现这两者之间令人揪心的不同。不仅仅是物种在以惊人的速度灭绝，就像特里·格拉文在他的《第六次大灭绝》中强调的那样，人类同时也失去了音乐、语言的宝贵遗产，失去了看见、了解和生存的方式。现在是一个不同的世界，再也不会与5年、500年或者5000年前的声音一样了。

随着这些生物的离去，几乎每一个和人类存在相关的文化信息也随之不见了。2008年秋天当我在哥伦比亚大学和理查德·利基共度"世界科学节"，我们俩花了好几个小时回顾了《第六次大灭绝》的观点。最快的物种灭绝速度发生在哺乳动物。根据同年《科学美国人》的一篇文章，每四种哺乳动物中，就有一种受到了威胁。除了几个特殊的地点，青蛙数量基本上在全世界的范围内减少。除了绝对数值的下降，鸟类也开始在迁徙路线的起点和终点以及中途多地显示出领土转移的剧烈迹象。大多数情况下，利基和我都同意当前即使在最原始的栖息地，物种也开始越来越安静。或许约翰·凯奇的"4'33''"是即将到来的自然世界音景的隐秘表达。

日益缩小的生存环境和日趋增长的人类噪音已经造成了一种客观现象，在此条件下生物生存的必要的交流方式正在超负荷工作。同 206

时，我们又否认野生自然世界的体验对我们的身心健康的重要性，那是一种我们无法从现代生活任何其他方面获得的根深蒂固的智慧源泉。没有人类噪音存在的野生声音最纯粹的状态是一场辉煌的交响乐，是人类乐团纷纷学习和效仿的对象。生态学家比尔·麦吉本曾经说："现代社会，使荒野与众不同的不是它的危险（它比任何的城市和道路都要安全），也不是它的人迹罕至（你可以独自待在拥挤的房间里），也不是由于里面住满的各种奇异的动物（在动物园里有更多）。真正让荒野与众不同的是在树林里8000米外你什么也买不到。"响亮的原始动物乐团——自然世界协奏曲赋予我们音乐的灵感——的声音正在日渐变弱。自然声音的脆弱交织正在被我们看似无限的征服环境的需求所撕裂，而并不是想办法寻求一个和它和谐相处之道。

鉴于在现有的栖息地很难找到原始管弦乐的位置，我发现，揭示我们音乐过去的基础和本已经就很难寻的物种之间复杂联系的起源就变得难上加难了。对我来说最让人惊奇的是，在我生命中超过一半的时间所发生的剧烈的声学变化。

随着"正常"气候周期的消长，最自然的音景会在一个较长的时间跨度内逐渐改变。但其发生的速度比我们任何人想象的要快得多。一位印第安人，我采访她时，她已经91岁高龄了，她的一生清楚地见证了这种改变。内兹佩尔塞部落族长伊丽莎白·威尔逊告诉我，那是属于我们每一个人的故事。在录音开始听到的长笛是来自伊丽莎白的儿子安格斯从芦苇上剪下的笛子，与第二章中提到的沃洛瓦湖上演奏的是同一支笛子。

207

巫医走的路，得到了神灵的指引
与动物或任何其他生物联系着
每年冬天，他们都会翩翩起舞
他们变得强大，浑身充满力量
一切皆不同
一定是在某个时候，一切早已不同
清新的空气，茫茫的荒野
他们可以和动物自然地接触
但是现在已经不能继续了
所有的一切皆已不见——噪音和所有的一切……
好吧！传说的日子即将结束，人类即将到来
传说的日子不再有
不会再有了
他们会像我一样伤心难过
我为我最后一个孩子感到伤心
死亡夺走了她
再也回不来了
这就是未来的路
我独自在山顶和溪流的尽头徘徊
我从没有去过文明国家的任何地方 208
我一直在荒野中
今后的岁月里，人们将失去他们唯一的孩子
他们会和我一样悲伤

这就是我们现在之所以是这样的原因

悲伤向我们走来

后来在另外一段录音里，伊丽莎白对初冬晨光里一头水牛的迷蒙气息下传出来的旋律做了精彩的评价。她眼睛盯着远方，说道："那旋律有点像口哨和叹息声。""口哨声和叹息声构成了完整歌曲。"她没有使用华丽的辞藻，但是这些富含哲理的语言是她所讲述的每一个故事不可或缺的部分。

安格斯·威尔逊正和他的妈妈讨论风的品质，我碰巧把他们的交流用磁带录制了下来。"朝着斯内克河上游，风发出的声音仿佛远处的一群男男女女在用柔和的声音唱着歌。"安格斯回忆道。

"那是一种特殊的风，听起来像在耳边细语，好似风吹拂过那些砧木残茎。过去我们随处可以听到这种声音，但是现在只能沿着大火席卷过的河边山谷才能听到了。"他的妈妈回答道。"即使只有一个小小的东西也会在风中发出声音。但是如果有很多，它们会大声高歌。那是让人悲伤的声音。我听过那个声音，每一个音符都丝丝入扣，催人泪下。"安格斯和伊丽莎白静静地思考风是如何教水唱悲伤的歌，一种情感的表达。水又因为想和其他动物一起唱歌，教会了昆虫唱歌。昆虫又教会青蛙，青蛙教会鸟、熊和松鼠。内兹佩尔塞人从自然声和动物声那里学会了他们的音乐和舞蹈。在现代人接触并改变音景之前，自然世界的声音一直是他们生活的动力。

209

我收藏记录的声音中有很多来自现在已经遭受破坏或者已经消失殆尽的栖息地。档案里包含了数千种生物声，这些声音现如今已不能在野生栖息地里听到了。（我在 1968 年开始录制时，美国本土 48 个州 45% 的老龄林还依然完好。2011 年时只剩下不到 2% 的老龄林。）的确，一个栖息地的声学特性会随着时间的改变而改变。但是在相对短的时间里（比如几千年），有理由假定生态是平等的，环境是不受约束的，栖息地和音景将保持在良好的范围内，它们只需要适应自然气候、天气事件、地质转型的自然变化而做出相应的调整就可以。

上个冰河世纪末期，自然音景可能在动态平衡的范围内变化着，发声物种密度和多样性的峰值上升，并随着天气和季节的 24 小时周期而下降。换句话说，动物的声音在某种程度上是可预测的，在给定时间段，且在“正常”的气候波动下，动物一直在自我调整实现最佳的传输和接收。在 20 世纪 60 年代末，我开始录制时，我敢保证每年回到我最喜欢的地方，那里音景应还是我熟悉的符号。生物声传递了一条连续的线索，只有实际表现存在不同，而不是背景或内容发生变化。然后，剧烈的变化发生了——大部分剧变都发生在 20 世纪 80 年代。

新的生物群落音景——人类活动而不得不转变——反映了不同程度的混沌与秩序。但要了解一个栖息地的变化是如何演化的，我们只能对比（因为录制技术大概只有 50 年的历史）那些我们认为相对不受干扰的老栖息地和那些处于成长或不同恢复阶段的栖息地。也就是说，我们是可以构造一些提供粗略信息的计算模型，但是我们并不能准确地衡量一个正在发生变化的生物群落的生物声在 1000 年前、100 年前甚至是 50 年前是什么样子的。 210

为了能够了解音景在人类活动的影响下是如何进化的，我制作了三个连续的频谱图，唯一相关的是它们来自一个曾经健康的热带或亚热带生物群落。这并不是要对实际的栖息地类型进行比较。它只能显示受不同程度人类干预的结果，以及生物声密度上发生的变化。总的来说，在不同程度的人类干预下，生物密度的变化是不同的。如果我们在同一地点收集到很长一段时间前后的不同状况，我们希望看到什么？下面两个声谱图来自热带相对来说比较相似的栖息地，其中之一来自亚热带的生物群落。第一个声谱图（图 14）来自婆罗洲，表现了黎明时分一个古老的栖息地。没有太多特定生物的细节，可以看出所有声音清晰定义的方式及声音的密集程度。第二个声谱图（图 15）来自苏门答腊岛，表现了一个被砍伐过的栖息地。从视觉表象来看，它处在恢复阶段，有一些生物声的细节，但是比图 14 密度要低。第三个谱图（图 16）来自哥斯达黎加，显示了 20 世纪 90 年代一个被砍伐殆尽的栖息地，直到现在还没有复原；完全没有密度。除了一些昆虫以外，任何一个声音的定义几乎都没有什么区别。

211

野生自然世界恐怕除了几个孤立的地方，如阿拉斯加的荒野、加拿大的偏远北部、西伯利亚和南极部分地区，现在很少能找到了。在非洲、澳大利亚、美国境内的森林和公园里是一定找不到了。据说，美国西部有些广阔的私人土地，拥有保护野生动物和野生植物的地役权。这种模式由非政府组织比如自然保护协会和保护国际基金会提出，这很可能是个积极的、全球性的想法。

213

如果美国国家公园代表了“美国的最佳创意”，就像美国 PBS 电视台播出的国家公园宣传片里建议的那样，那么我们就应该严肃地思考了。19 世纪末的动植物群管理理念最初是以把大量的印第安

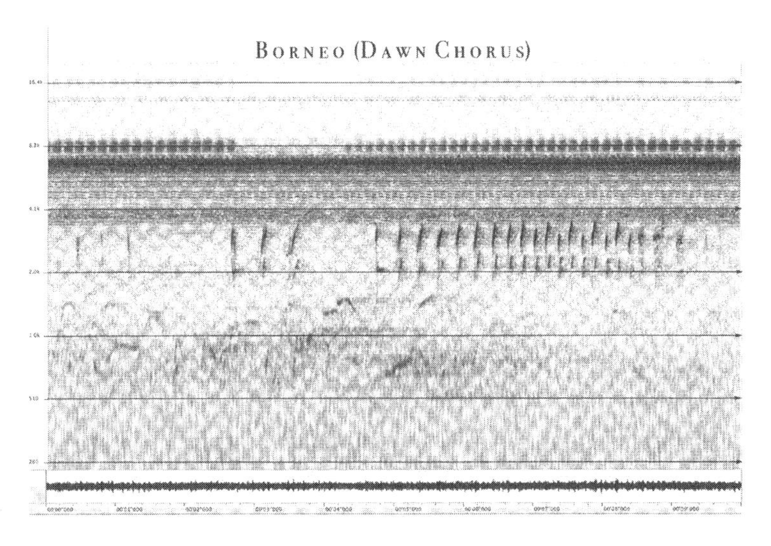

图 14　婆罗洲原始林

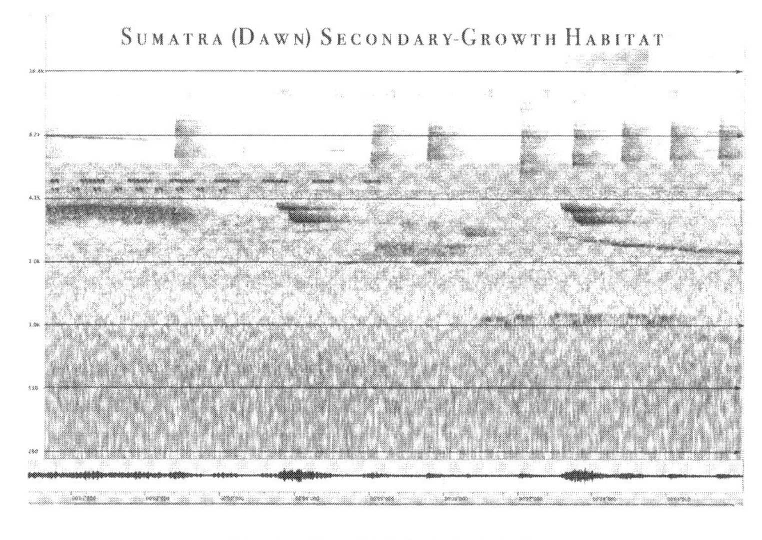

图 15　苏门答腊岛次生生长林

212

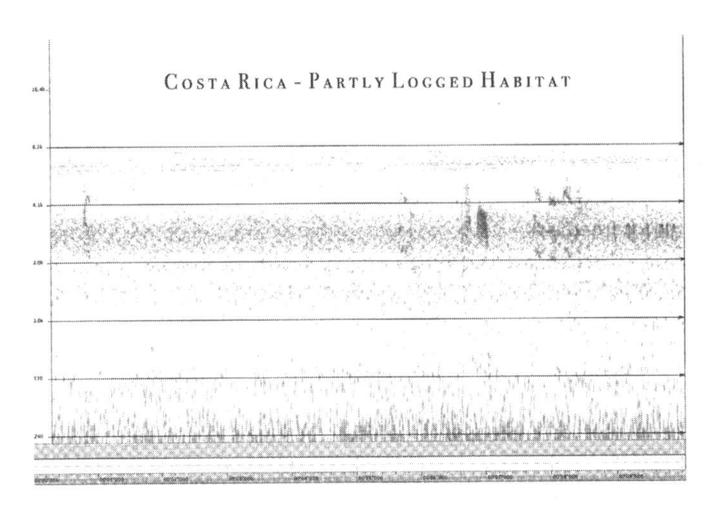

图 16　哥斯达黎加被砍伐殆尽的栖息地

人——生活在一种动态平衡与可持续发展的平衡中——赶出这片土地为基础的。因此，联邦土地一开始就被开发成富有的白人的度假乐园。20 世纪，一些联邦政府和州政府土地管理机构尤其是怀俄明州、爱达荷州和蒙大拿州的州政府，下令消除主要的掠食性种类比如狼，部分原因是害怕它们伤害游客。

这些被管理的环境尽管因许多未被破坏的景色显得弥足珍贵，但是几乎没有什么野生世界的因素了。野生世界是不能被管理的，它没有标识，没有保存良好的踪迹或详细的地图，没有卖纪念杯和 T 恤衫的礼品店，也没有迫切想要为大家解释麋鹿或灰熊亲密习惯的博物学家们。就像作家杰克·特纳说的，如果我们发现自己所在的地方可以让自己沿着一个方向走一个星期而没有碰到任何道路或栅栏，那么那里肯定就有野生世界，比如北极国家野生动物保护区。那里我们面对非人类生物和所有形式的花卉都保持警惕。当然，这在美国本土48个州很难找到，因为这里83%的土地位于离道路1000米以内。

为了能够听到野生的生物声世界，我们需要去那些没有人类噪音的地方。我的意思不是说安静的地点。如果它们是安静的，我们根本什么也听不到。很少有地方是彻底、自然的静音。大部分的栖息地，比如哪怕一个遥远的房子里也有一些可探测出的环境声级，而这些声音给我们提供了一种方向。这是我们许多人为了舒服而需要的声学参考。

214

几乎没有一种有感觉的生物能够在完全安静的环境中茁壮成长。静寂意味着感官被剥夺。比如一个消声室通常是一个小房间，大小有二三十平方米，周围一片死寂，没有任何的回响。这种严格控制的环境经常被用来测试麦克风和扬声器系统末端的高噪音特性。人在里面，很难保持冷静几分钟而不精神崩溃。

曾经，我偶然在大峡谷谷底发现了一处几乎没什么回响的地方。那是我在自然世界里走访过的最安静的地方。那是一个遥远的峡谷，在离河大约1600多米的地方，有高高的砂岩墙。我徒步到那里，并且还在那里扎营了一个下午。安安静静地休息了会儿，我很快意识到我能听到的声音其实是我血管里血液流淌的声音。在频谱的末端是一个低频率的脉冲声，另一端是我从来没有听过的哀鸣声，很可能是耳鸣早期的症状。很快我以为我丧失了听力。当我用检测声音水平的仪器表检测周围环境的声音级别时，仪器表的屏幕显示了它能读出的最低水平，即 10dBA——真是死一般的静寂。只过了一小会儿，我在这样的死寂中就变得不知所措，开始自言自语、哼唱歌曲，往峡谷墙上扔石头，就是为了听到点声音，而不是只听到我大脑里血液或者耳朵里愈渐嘈杂的声音，我被这种静音环境逼得接近精神错乱。没过多久我就打包好自己的设备，远处流水的声音提供了声音的方向，我走出帐篷又在河水的欢迎声中走了回去。

215

另一方面，宁静是一个健康生物体感觉自身精力旺盛所需要的基本条件。音乐家克里斯·沃森现在是 BBC《自然世界》的顶级录音师，从经验上来说，他说人们渴望找到这种宁静感的具体时间和地点。宁静比沉默的含义更微妙。它是声音的过渡区——一个可测量音景与寂静之间的声音交错带——一个影响人们大脑情感，并在心理上把人们引向纯粹宁静的声音交错带。

与 BBC 第四频道合作打造的名为《一小片宁静》的广播节目中，沃森花了一些时间调查声学宁静的性质，想弄明白它到底是一种思想状态还是一个真实存在的声音点。因为想知道人们是如何看待宁静的本质，沃森参观了一个博物馆展览，其中展示了孕妇子宫的声音，是一个 16 周大的胎儿可能会有的心跳声环境，以及血液流动的情况。沃森的深入调查涉及医学从业者、心理学家，他们证实某些声音比如呼吸声、脚步声、鸟声、蟋蟀声、研磨声和溪水流淌声被人们描述成宁静。这些声音刺激大脑的边缘系统，导致内啡肽的释放，产生一种平静的感觉。沃森最终得出结论，宁静是指一个基本声音，即基本声学基础，基本声音的内容类似于听到屋顶上那有节奏的雨声。它大多数是一种柔和但和声丰富的环境。

216

自从更新世以来，人类世界在低语中发现了一种安静的方法。就像沃森指出的那样，这些都不是催眠而是声音点，有一种直接的物理刺激和明显的临床效果，能让人们清晰地思考。事实上，成立于1926年的“英格兰乡村保护理事会”一直致力于促进英格兰乡村的“可持续发展”。英格兰乡村保护理事会后来规定了一块“宁静的地带”，指的是“离一座大型电站4000米，离主要高速公路、大型工业区或者大型城市2000米，离其他高速公路、公路干线或者小城市2000米，离每天汽车承载量超过10000辆的公路或者最繁忙的铁路干线1000米的任何地方，同时还应该不受民用或军用飞机干扰”。除此之外，还有一个标准：四周完全不受任何电线或建筑物的视觉干扰。

20世纪60年代，英国仍然有40个地方能让游客在游览的途中听不到任何人类发出的噪音。但是随着不断地开发和发展，这些地方很快就消失了。2005年，英格兰乡村保护理事会开始制作以颜色编码的宁静地图，地图频繁地被远足者、露营者、骑自行车爱好者占用。现在，沃森只能在英国找到几个宁静的地点。他对社会进步需要失去安宁感到沮丧。他最喜欢的一处无人居住的录音地点位于英格兰和苏格兰边境沿线的诺森伯兰。大约400年前，大量城市居民占领了这里，现在它已经惨遭遗弃，因此正好回归原始野性、自然音景和自然的一切。那是一片开放区域，没有任何的栖息者，沃森可以在此录制长达数小时，听不到也看不到任何人。

217

在《丛林里的最后一个孩子：拯救我们的儿童远离自然缺陷障碍》里，理查德·洛夫写道：“不久以前，一个年轻人白天和晚上的声音轨迹大致是由自然的音符组成。大部分人都是在陆地上长大，陆地上工作，所以最后常常被埋在同一片陆地上。”

洛夫讲到的声音轨迹（早在70年以前音景已经把这些烙在了孩子们的脑子里）我深有感触。我们最初适应的听觉神经元，和骑自行车或者游泳类似，一旦学会终生不忘，经验的技巧和开放性会一直与我们同在，特别是我们能时不时地应用它时。当我一直莫名地被自然界吸引时，我不知道我日后有机会重新接触它。30岁时，虽然我的听觉功能完好，但还是因无所事事、同辈压力和学术压力听力减弱了，导致我被限定在形式化的音乐中。我被城市音景的存在和力量吸引，音乐行业新技术的出现实在太有诱惑力了。随着合成器的应用，我进入好莱坞工作，我变成了系统的一部分（艺术家、工作室音乐家和制作人构成的系统）。我认识的每个人都心甘情愿地成为其中一员。有一段时间金钱真的是信手拈来，自己也得到了别人的肯定。最初潜藏的平静的共鸣被各种嘈杂的噪音埋没，直到40年前，我重新来到马林森林，打开了录音机的那一刻，才又找回最初的平静。

218

生态学家保罗·谢帕德推测原始景观的声学特性会被我们的DNA解码。在基因组被绘制以前，他设想了这种可能性。他认为音景会受到我们身体的欢迎，随着时间的推移，会变成内在的迎合。他提出，与自然音景的实时联系对我们的情感、精神和身体健康都至关重要。在这种情况下，仿效是为了尊重。

穆里·谢弗尔认为我们每个人都从情感上和身体上被一个特定类型的自然音景所吸引，会在我们生活中的不同时期显现出来。一些人被海浪的声音或湖边的沙滩所吸引，有些人喜欢流经林区的小溪，还有一些人为微风、高原沙漠或者高原地区生物声音的吱吱叫所着迷。

毫无疑问，也有些人沉迷于不同类型的音乐或大都市的嘈杂。我们每个人内心都有一个“图腾音景”。我们看着镜子或与配偶日常对话时，“图腾音景”就会闪现。就像我在树林第一天录音结束做出的选择一样，我更倾向认为是缘脑本能地引导我们在生活中根据声音无意识地做出一些决定，如膝跳反射一样。

219

18 岁时，我从来没有想象过我这一辈子会过什么样的日子。直到现在，我花了大半生的时间录制有生命的生物和自然栖息地的声音。对于我来说，没有比这更丰富或者更有趣的生活了，没有比这更精美、更健康的人生了，没有比这更能揭示我们和野生世界的关系了。

由于每一个栖息地都是用一种独特的结构声音表达自己，我把它们看作是丰富的乐谱库，其中整个“自然”为自己而表演。自然世界的群体声音代表了地球上最古老的、最漂亮的音乐。但是野生音景并不是瞬间传递的，如果我们想听到所有的，需要仔细辨析和充分地尊重。

很多人忍受不了“乡村”（更不要说真正的野生世界了）和远离城市。妻子和我出租一套位于索诺玛葡萄酒之乡的农舍。几年之前，一对从纽约来的年轻夫妇在一个宁静的仲夏周末住了进来。作为房东我们当然期待我们大部分的租客住在这里都会有舒适、自然的感觉。我在第二天早上 6 点 30 分离开房屋时还强调那是一个阳光明媚、特别温暖的日子，很适合在树林里安静地跑跑步。但这时我却看见我们的租客穿戴整齐，行李箱堆放在楼梯底部，在停车场往车上装东西，看上去很是焦虑。“发生什么事情了？”我问道，很惊讶地看到他们匆匆忙忙地准备离开。“这里太安静了！”女士说，声音掩饰不住的

220 焦虑。“我们在这里根本睡不着觉！即使我们把所有的窗户都关上了，我们还是能听到那该死的蟋蟀叫。所以我们只好离开，打算去旧金山。我们在那里预订了一个市中心的房间，生活和交通都很方便。”自从那个小插曲以来，我又加上了我们收藏的城市音景CD，摆放在租客的床边。那是从纽约、芝加哥、里斯本、巴黎和洛杉矶的几条高速公路上录制的一系列录音。

我们和自然之间有很多障碍。一天早上我在附近的一条林间小道散步，我发现春天的黎明合唱尤其迷人。但是这时路上有一位三十几岁的女士，手机很难够到她的耳朵那里，心不在焉。肢体语言表明她完全没发现她正在路过的这个美丽世界和为她表演的音乐。在那美妙的时刻，我真替她为错过的美好而感到遗憾。

虽然很多受游戏产业和高科技产业资助的研究已经指出，通过与互联网和游戏软件接触能够提高注意力和认知能力，但是也有一些最新研究，比如科技作者尼古拉斯·卡尔提出了另一个结论（我们很多人其实已经很熟悉这个结论了）——压力和疲倦是我们不断接触科技产品带来的很明显的副作用。《纽约时报》刊登了一篇关于过度使用科技反而与预期效果背道而驰的文章。记者马特·里克特指出了和卡尔注意到的相同的干扰，描述了它是如何粉碎我们与生活的世界，甚至家庭成员彼此之间的联系的。虽然这篇文章还有争议，但是数据确 221 实证实我们的专注度严重受损。刺激我们的大量的、快速传递的信息导致我们没有能力参与和思考更宏观、更复杂的问题，同时使我们沉溺于这样的传递系统和它们所限制的关注水平。

过去的几十年里，我花了很多时间与幼儿园到八年级的孩子们在一起，想把自然音景的奇妙介绍给他们。20 世纪 80 年代中期至 90 年代，无论是年轻人还是年长的人群似乎都能够集中注意力，且很长一段时间里静静地聆听我给他们带来的鸟、青蛙、教室里外昆虫的叫声。但是后来事情发生了变化。根据一项最新的亨利·凯泽家族基金会研究，8 到 18 岁的青少年每天平均花 7 小时 38 分钟玩苹果手机等智能手机。这种对技术的痴迷，使人与人之间一对一的联系消失了，年轻人（尤其是 10 到 14 岁的年轻人）的快捷的社会需求，通过手机得到了优先考虑和满足。

显而易见，竞争媒体的噪音已经变得更加难以消除，看到这些的发生我感到非常遗憾。自然世界的元素通常不以快速的方式参与或者传递。它们通常是在自己的、非常不同的时间层里传递。为了遏制这种差距，也许我们可以找到一种方法来利用这些技术——每一部智能手机都同时是一套录音设备——它们把年轻和年老的技术成瘾者与他们的自然根源重新连接在一起。

在我和同事、负责《自然世界》的其他作者的交流中，我想到了 18 世纪哲学家乔治·柏克莱提出的问题："如果树林中的一棵树倒下 222 了，刚好没有人在附近，没人听到这个过程，那么这棵倒下的树会发出声音吗？"柏克莱似乎很肯定地假设了唯一有声音感知力的应该是人类。这个以人类为中心的有限焦点论一直存在，并且一直是我们大多数人与自然之间的鸿沟。问题是通过聆听，我们人类能够学会和野生世界重新联系吗？

除了音乐，我和森林居民相遇时没有别的共同语言，所以我们之间说的也不多。但是，我最好的老师仍然是那些和野生世界联系密切的人。正是在亚马孙和非洲的漫长的沉默中，我才注意并开始破译自然声音中固有的信息——同样的启示曾经在我们的生活中出现过。随着时间的推移，我们已经忘记了如何去连接和解释那些由野生音景传播的丰富声音。整个系统都被排除在我们书写的历史、生物科学和音乐的文献之外，这证明了我们一直以来聆听世界的方式，揭示了我们接受当前的声学环境为正常的模式的途径。

完全主动地参与学习而不是被动地聆听其实是可能的。任何愿意学习如何成为一个细心聆听者的人，都能敏锐地感知到生活的世界。生活声音围绕着我们，我们对它的认识加强了我们与生物圈的联系。在野外待的时间越长，我这个聆听者就越虔诚。音景，尤其是最原始自然的音景，几乎总是能给我一些关于周围发生事情的启示。古老且不那么受干扰的地点仍然保留着经典的声音完整性，其中会有一些微妙的指标如鸟儿的叫声有轻微的变化，昆虫强度的变化，青蛙突然变得寂静无声。除此之外，这些地点往往比被破坏的栖息地信息要丰富得多。它们就是自然声音中的约翰·塞巴斯蒂安·巴赫。在古老的森林里我明白了我们拒绝这些面临巨大危险的含义。

223

作为一名录音师，我称得上是一个小心谨慎的偷窥者，或者是一个机警的入侵者。在我设备允许的范围内，我会尽我所能携带能承受的。我很小心谨慎地不去扰乱非人类动物在它们梦寐以求的住处的生活。过去我认为我用磁带录制下来的都是“原汁原味的”。现在随着我了解得越多，人变得越谦逊了。音景的内在含义取决于它所处的环境条件，比如被录制在或者转录到 CD 或者 iPod 上的音频时，它们会被改变或者丢失一些（虽然不是全部。当你坐在舒适的沙发里，被一套精心设计的音响系统环绕，你所听到的与你在自然界中实时体验的相比实际上减少了）。在自然世界里，是皮肤上的风或雨、森林地面的气味、沙漠干燥的空气与黎明或傍晚的斑驳光点结合在一起的感觉。录制自然声音意味着触及虚幻的瞬间。精心选择好一个时间、地点，感觉就好像一场伟大的即兴爵士乐演奏会。因为它总是不断地选择和测试最佳声学表达方式的极限，所以它是连续不断变化的。一天内的生物声不会保持静止或者重复。随着时间的推移，正是这种神圣的、高选择性的可变性才是野生世界真实生物声的表征。

然而，录制下来的短篇音景的确很精致。聆听它们，就像是用最小的努力获得最大的喜悦。虽然它比较抽象，但是听众至少有机会听到野生世界生物声的片段。回放时，这些录音都最接近于任何已知媒介，以复制真实的体验。有了音景就能有一些保留完整的物理元素，有机会使某些声音重现。

224

不管是不是野生环境或者野生环境程度有多高，地球上几乎所有的栖息地都会听到生物声。“有些声音很低，有些声音很高。”当我积极地聆听时，我发现“图腾音景”的声音听起来如此令人兴奋，甚至让我一度屏住呼吸。知更鸟的巨型演奏会让不懂音乐的人感到震惊，受伤的海狸用一种完全不同于我以前听到过的声音哀悼它失去的配偶或后代，有时，在两栖动物或者其他生物声音的衬托下，一只青蛙的独唱声竟然会如此脱颖而出。

我经常听到的“图腾音景”是海边海浪声音形成的。今天它是在我书桌前的山腰上筑巢的一对羽冠啄木鸟清脆的叫声和快速的锤打声形成的。如果我幸运，那么在费尽九牛二虎之力到达录制现场之后差不多每一次都能听到它们，这样又让我对下一次的伟大冒险之旅充满期待。尽管在录制和聆听这个世界自然声音方面人类起步晚，但是至少我们已经开始了。随着那些有远见的专业人士比如马丁·斯图尔 225 特、克里斯·沃森、沃尔特·梯尔格纳和吉恩·罗氏的传播，以及最近一批年轻的群体加入，在森林里戴着耳机静静地坐着的人数似乎每个月都在上涨。伴随越来越易操作的技术，这些男人、女人，年轻人或年长者，用他们录下来的每个字节，为我们提供了惊人的新视野。其中一些人还会把这些材料转调换成我们永远想象不到的音乐表达形式。考虑到这种方法的非凡力量，通过自然音景表达的想法最终在更广泛的范围中得到了应用。

有一件事情很清楚：在那些未受人类噪音损坏的且生物声和自然声仍然存在的地方，往往就是我们能找到令人敬畏的灵感的地方。我们每一个在野外实地工作过的人都发现了一个真理，那就是当作为整合起来的一个整体与世界其他社区分享时，我们可以最终确认自然声资源无与伦比的价值，它是一种生命努力的成果。这项工作在体力上和感情上都很繁重，而且考虑到需要寻找保持宁静和充满生机的地点，往往风险也如影随形。然而，这一努力带来的纯粹的幸福和惊奇，总是胜过付出的努力以及可能面对的众多危险。

经常有人问我如果人类不去干扰，自然音景是否有可能自我复原。除了现在诺森伯兰郡已经废弃的地点，乌克兰的切尔诺贝利也成 226 为了典型的案例。1986 年 4 月核电站熔毁之后，人类从这里也就彻底消失了。事故之后，被遗弃的切尔诺贝利周围立即变得沉默，沉默程度高得让第一批派往监控现场的科学家们措手不及。灾难过后的三年，令人震惊的是野生动物的声音竟然在逐渐恢复。切尔诺贝利核电站建成和运转之后，再也没有声学监测或声音录音了，这也是事实。一些录音师已经特别注意这一事件的后果，彼得·约翰·库萨克就是其中一个。英国音景生态学家，音乐家彼得·约翰·库萨克前往切尔诺贝利录下了的2006年春天和2007年夏天的声音。约翰·库萨克的作品揭示了一个人类缺席情况下非常丰富的自然声音的融合。《来自危险地方的声音》专辑里的音符总结了世界上受损害最大甚至已经被人类抛弃的地点，展现出了如果没有人类，世界听上去会是个什么样子。关于切尔诺贝利的野生生活，约翰·库萨克写道：

> 和人类生活形成鲜明对比的是，切尔诺贝利的自然听上去生机盎然。人类从此处的消失反而创造了一个没有干扰的天堂，野生生命借此优势茁壮成长。缺失了几十年的动物和鸟类如狼、驼鹿、白尾鹰、黑鹳也已经迁徙回来了，切尔诺贝利禁区现在是欧洲原始野生生物点之一。有趣的是一些物种在事故发生之后立即离开了，但是所有的物种都在三年之内回来了，并且自此之后在此繁衍生息。

> 野生动物的数量和种类让春天的自然声印象特别深刻。鸟儿是不可能避免的，几乎在我录制的每一张唱片里都有一只鸟在唱歌。对我来说，我们每天早晨听到的充满激情的“黎明”合唱，成了切尔诺贝利的权威声音之一。切尔诺贝利还以那里的青蛙和夜莺闻名，所以晚上的音乐会也一样地精彩绝伦。

227

约翰·库萨克告诉我：

> 曾经的禁区现在已经成为黄金地区。但是，我还是无法把它现在和以前的样子相提并论。我尝试采访那里的一位生物学家，但是他并不想和我交流（不知道为什么）。（事实上，要想从官员和科学家们那里得到任何真正的信息都是极其得困难……）来自乌克兰基辅的研究人员和学者说，他们已经注意到野生生物声音的多样性和声音数量的绝对增加。我印象中，野生动物在人类撤离的地区确实在增加。音景反映了这一情况。

在一个没有我们人类的世界里，一些自然声音依然存在的例子还有很多。这些地方已经回到了我们最初出现时可能存在的状态。我们已经在无人居住或空地搭建了一些远程监控系统。从监控系统里来看，如果土壤仍然富含营养，可以促进植被的恢复，那么声音的自我复原是肯定的。

如果我们人类不在某地宣布并维护我们的存在，那里就会是一个非常活跃的世界。或许有人会认为那些干燥、遥远、人口稀少、极其脆弱的沙漠栖息地很难回到人类干预之前它们被人熟知的微妙平衡，然而现实是：如果人类能够在足够长的时间内不去打扰它们，它们可能返回到一种动态平衡的状态。经常被认为没有什么事情发生的荒芜之地的沙漠其实是生命力旺盛的栖息地。当我们以每小时110千米的速度驱车经过，我们会看到闪烁的灌木丛，沙堆中冒出来的仙人掌。我们的军队轰炸了沙漠；矿工挖矿，扔掉了尾矿；娱乐集团搬来沙滩

228

车、轻型摩托车、越野车辆趁机打破了死一般的沉寂，好像在宣称他们的存在意味着肆无忌惮地杀害了脆弱的野生生物的过程。

当我悲叹我曾经录过音的一半地点现在已消失了，妻子就会把我拉回到现实并提醒我仍然还有一半存在呢。在索诺兰和吉瓦瓦沙漠的过渡区域内地势较低的地点，是美国本土48个州中为数不多的在很长一段时间内完全没有噪音的地区。它们与墨西哥北部交接，沿新墨西哥州、亚利桑那州、加利福尼亚州向美国大陆扩展。在位于新墨西哥州狭长地带的美国自然保护协会里工作时，我和鲁斯·哈佩尔在灰色牧场划出一块面积为13平方千米的地方，1992年我录制了那里的声音。这个高原沙漠生物区包含很多不同的微生物区，以独特的生物声为特色。自从限制牲畜放牧，实施严格的保护地役权，现在牧场更加生机勃勃了。并不是所有这些更加开放和干燥的地区都包含了我们在热带地区清晰可见的、明显的听觉领土边界，生物体的密度分布在更广阔的范围内；生物声远没有那么丰富。但它至少仍然存在。

229

遭受了几年过度放牧后，这个栖息地现在正经历缓慢的复苏，慢慢开始返回到一个健康的状态。山杨、刺柏、橡树、灌木、仙人掌、常绿灌木、桤木、朴树、灌木、印度大米草和锯齿草、金雀花、蒿、箭头草，墨西哥刺木都已经回归了，还包含一些独特会发声的生物。入侵的植物和动物物种正在被那些更自然的环境所替代。仙人掌和岩石鹪鹩、普通乌鸦和奇瓦瓦乌鸦、西美草地鹨、五种麻雀、绿尾巴的红眼雀、蓝色的麻雀、铁爪鹀、伯劳鸟、红唇和灰喉鹟、角百灵、西方金宝、北美小夜鹰、穴居的大角猫头鹰、地鸠、黄腹隼、红尾鹰、鳞斑鹑、美洲大螽斯、蟋蟀、郊狼、灰狐狸、美洲狮、长耳大野兔、松鼠、蝙蝠、老鼠、甲虫、蚂蚁、白蚁、蚂蚱、摩门蟋蟀、各种蟾蜍和青蛙、壁虎、乌龟和蛇：每一种动物都有它们自己的表达性声音。它们在没有牛、羊、狗、飞机、汽车、火车或卡车的声音范围内低语。谁说沙漠里什么都没有？

另一个大部分都还完整的地区是北极国家野生动物保护区——这也是已故的阿拉斯加参议员特德·史蒂文斯等人想开放并建石油钻井的地方。为了实现这一目标，特德·史蒂文斯绞尽脑汁让人相信那个地方除了石油，没有任何别的东西了。2005年的一场长篇演说中，他提出把北极国家野生动物保护区内的一个偏远而脆弱的地方开放出租开采石油。除此之外，他还热情高涨地举着一份毫无特色的白报板，上面没有任何的图片，向参议院的议员们游说，这里的风景毫无生气，借此他已经清楚地表明了这里有可以利用的资源，应该用来造福人类的迫切需求。

230

他的观点引起了包括我在内许多人的质疑。2006年我带了三个生物声团队去阿拉斯加东北角的一片广阔的地区录制和拍摄声音，那里的面积相当于整个缅因州，没有公路标识系统或礼品店。队伍分别由我和缅因州鲍勃·穆尔、英国广播电台自然录音师马丁·斯图尔特、犹他州鸟类学家医学博士凯文·科尔弗带队。每个队各自负责一个地点，以求获得对不同生物群落的保护区的声学动态的原始感觉。科尔弗带队地点位于加拿大边境的波弗特海北边沿岸上，斯图尔特带队地点在日落大道的北坡，我和穆尔带队地点在木材湖布鲁克斯山脉最西端的北方森林，从加拿大的海边诸省一直延伸到加拿大保护区。十天的时间里我们三队成功地录制了大约80小时的壮观野生动物音景，其中包括 84 种鸟类。除此之外，我们还看到了熊、北极狐、狼、驯鹿、小松鼠和老鼠。

和热带或亚热带雨林相比，北极群体叫声显得很稀疏和微妙，那是因为热带或者亚热带雨林的植被和天气允许丰富的多样性，而北极存活下来的植物不多，种类也少。柔弱的苔原草丛一直蔓延到眼睛看不到的地方。在这里即使步行也需要格外小心，需要体力和技能。苔原带植被的气味是神秘的，清新且带有一种草药的香味。我们徒步的时候，尝了美国印第安人称之为苔原茶的东西，也被叫作阿禹克（*ayuk*）或者拉布拉多茶（Labrador tea），用它调制饮食中有一股清爽的味道。鸟的叫声极其得轻，由于附近不断有从西伯利亚、波弗特海吹来的东南风，所以鸟的叫声很难录下来。但是鸟的叫声的确存在。它们需要在一个短暂的季节里交流很多信息。和沙漠一样，这里的鸟儿在广阔的区域里繁殖开来。

231

在 6000 平方千米的指定土地上没有任何服务项目，除了猎人、夏季徒步旅行者、河里的撑筏者之外，人类的活动也就降到了最小化。所以很长一段时间以来，几乎没什么人去干扰野生生物和野生生物的声音。当我们围绕篝火席地而坐时，我们的向导生态学家费尔班克斯、诗人弗兰克·凯姆说：“有时候我在布鲁克斯山脉徒步几个星期，看不到或者听不到另外一个人的声音。”

凯姆向我们介绍了烛状冰，描述了当它们融化时，岩层是如何从河床冰的前缘消失的。当这一切发生时，它们就会像风铃一样发出叮叮当当的声音。融冰音景预示着其他事件的发生，凯姆也因此要求我们好好考虑。手里拿着一大把铅笔状融冰的碎片，他并没有特别告诫某个人：

> 春天，每当阳光把冰融化，阳光流过表面，更易吸收表面热量的尘埃开始热身。尘埃或灰尘的碎片垂直地穿透冰面，导致冰融化成铅笔尖状，冰底部大量的藻类开始开花。随着藻类繁盛，甲壳类动物（和桡足类动物类似）吃掉藻类，鱼吃甲壳类动物，海豹吃掉鱼。然后，当然是北极熊和人类吃掉海豹。如果这块冰不存在（因为全球变暖，冰块在快速消失），如果你没有这块冰，所有其他的一切就不复存在。

232

在保护区的那段时间强化了我们对无人或者极少数人的野生自然界的感觉。我和妻子生活的北加州有一些低丘陵山脉，那是玛雅卡马斯山，它南北走向，将纳帕谷和索诺玛谷分隔开来。山脊顶部附近，有一个国家公园，宁静而声音又很活跃。它虽然不是原始树林（在某个活跃的乡村地点或许还能期待有原始树林），但是随着过去几十年的精心治理，这个地区已经在大约 360 多米的海拔高度上恢复了它的原始植被如橡树灌木丛、桤木和道格拉斯冷杉。虽然我很确定现在的声音和大约 100 年前作家杰克·伦敦在这些丘陵之间漫步时候的声音不一样，但是黎明和傍晚的合唱依然能够激起回忆，让人觉得很愉快。事实上，在我近 20 年到那里徒步旅行、聆听或者录音期间，声音纹理已经改变了。这些明显的变化与气候变化有关，也可能是地球磁场变化所引起的微妙影响。一年的降水量发生了明显的变化，冬季也缩短了几个星期。鸟类黎明合唱的高峰比 1994 年我第一次来此地时提前平均 11 到 20 天。

233

这个占地11平方千米且中间有几千米长的小径的公园非常安静。清晨，几乎没什么航空飞机，没有游客，只有很少的干扰。第一缕阳光出现的时候，可以录制半个小时左右，中间听不到任何飞机或者机动车的声音（在我们这个国家和这个地区，这是一个了不起的壮举）。这是因为公园周边的空域都是飞机的飞行领域，或者是从北边到旧金山国际机场的入境飞机，或者是从南边到美国或者欧洲西北部的出境飞机（穿越北极路线）。

在我年轻的时候，我有一种“走出城”的欲望，去异域感受真正野生的声音。后来我意识到，我竟然从来没有拿着麦克风走进我自家后院过。我敢打赌，这些异常活跃的生物比我们想象的要多得多。我所认识的专业录音师都有他们最喜欢的地点，但是却不愿意说出来，就是担心被我们这样到处寻找可以聆听和录制地点的人过度打扰。

如果想去那些异域之地聆听完整、精彩的动物乐团，恐怕要更深度地徒步旅行了。但是想象一下能窥见象牙喙啄木鸟或者一片真正黑暗的星空，一切都是值得的了。现在温带地区保留下来的原始森林，里面的季鸟、迁徙鸟类、青蛙、昆虫的数量和种类也已经改变了。部分原因是它们在原始森林里正常栖息地的主要因素已经被改变了，包括外来入侵性昆虫种类的引入比如非洲化蜂、黄疯蚁、火蚂蚁、阿根廷蚁，哺乳动物比如澳大利亚的兔子、新西兰的负鼠、夏威夷的猫鼬，攻击性的鸟类，软体动物，鱼甚至青蛙。一些但不是全部动物（但不是所有的）的引入都是为了缓解我们认为需要关注的其他问题。

234

典型的且保存完整的主要地点是中非共和国的西南地区 Dzanga-

Sangha 森林——巴特瓦族的居住地。受欧洲和亚洲国家沉重的伐木压力所迫，Dzanga-Sangha 森林也被迫在改变。20 世纪 80 年代中期，当路易斯·萨尔诺第一次抵达那里时，当时非洲的音景和 15000 年前或者 20000 年前的音景很相似。他描述的森林音乐是“比金字塔还要古老，随着时间的推移，它的情感内容、复杂性以及所有值得追求的排列组合都没有改变”。萨尔诺相信，未改变的音景与人类音乐、舞蹈甚至可能是语言的进化之间存在着某种超自然的、实际的联系。过去 30 年，他亲眼目睹了把音景改成人类音乐表演的过程。他和他新的家人住在树林里，一直在现场。现在正在观察现代文明对那些曾经从他周围的声音中获得灵感的人的影响。

现在还不算太晚。阿拉斯加的偏远地区、阿根廷和乌拉圭的潘帕斯草原、加拿大（安大略、不列颠哥伦比亚的部分地区和西北区域）、巴西潘塔纳河的冲积平原、巴布亚新几内亚的保护区，甚至明尼苏达北部地区和阿迪朗达克山脉都富有自然声音。秉承对轻装旅行认真、尊重的原则——一些地方仍然保留着声音的记号——我们选择在这个充满喧嚣的迷宫中生活，并以智慧、灵性、疗愈和音乐的灵感来生活。

235

我每次演讲的最后，都会被问到我们人类能做什么才能保护保留下的自然环境。其实方法很简单：不要去打扰它们，并且停止那些我们不需要的无用产品的消费。不管什么时候，只要我们决定走进自然世界，我们就应该保持安静，就像我们最初发现它们那样地保留原样，不要去改变。我们必须纠正自己的顽固执念：我们任何人都可以通过我们的存在或者我们的创造完善自然世界。时间长河里，自然通过各种各样的反复试验会自然地、有选择地、适应性地进化。根据我们的意志和目的改变自然世界是一个暴力的过程，其影响是我们人类不一定能看到或者听到的。

最后，在森林回响消失前，我们或许可以退一步，仔细聆听自然世界的合唱。自然世界里，河水声夹着蟋蟀、昆虫、鹪鹩、神鹰、猎豹、狼和人类的声音缓缓流过。每一片树叶、每个生物低语都在恳求着人类去关爱和关心脆弱且丰富多彩的生物声，毕竟它是人类听到的第一个音乐。它告诉我们，其实我们人类并不是孤立的，我们是一个脆弱的生物系统的重要组成部分，没有比歌颂生命本身更重要的了。 236

注释

第一章　我的声音导师

鲁斯·哈佩尔目前在北加州生活工作，和丈夫有一个女儿，是一名博物学家、野生动物音频摄影师和图片摄影师。

专辑《野生保护区》最初的现场录音质量很差。虽然最初我打算把我自己的录音加进去，但是我保存的样品里面夹带的嘶嘶声实在让人无法忍受。那可是我第一次在野生场所录制自然音景。后来，我使用了丹·杜根档案中一个很棒的音频片段。丹·杜根是实地录音师（field recordist）、音响设计师、自然之声协会现任董事会成员。过去几年里，他在穆尔森林做了大量工作，我记得他确实录到了森林发声的瞬间的音景。

1975年，塔科马唱片公司发行的《神秘城堡》是第一张使用吉他合成器，西方作曲家作曲盖丘亚语填词的专辑。

诺曼底和布列塔尼近海的水域声音给人留下了深刻的印象，克劳德·德彪西受海景声音的热情启发，并把这些深厚的感情写进他的代表作品《大海》中。

243

沃尔特·默奇，美国电影艺术学院获奖声音设计师，作品包括《现代启示录》《对话》《雨人》《教父》音效，信息来自2010年2月17日加州博利纳斯录制的访谈。

关于感恩而死乐队和鼓虾之间的声音比较：目前有据可考的声音最大的音乐会是2009年7月15日在加拿大渥太华的思科渥太华蓝调音乐节的亲吻秀。当时现场的声音是136dB（在现场表演的声音帐篷里由渥太华市执法人员测量的），创造了世界上声音最大的一场乐队表演。

就在谢弗尔首次使用音景这个说法之前，音景被用以描述某个市景内一般的声音概念。迈克尔·索斯沃斯在《城市声环境》的文章里简单地提过。索斯沃斯后来没有拓展过这个概念。谢弗尔就成为第一个给音景定义并把它作为声学领域艺术术语的人。

如果要想更好地理解一盘磁带的精细结构，可以想象数以百万微小的金属微粒，每一项都是随机排列的。录音机的电磁头传送模拟信号，以某种方式重新定位碎片，在磁带上创建一个看起来像条形码的图像。那个“条形码”，当滑过模拟录音机的放音磁头时，以声音的形式“阅读”。

我们从有声世界获得的声音片段的残缺感是充分的，但是在尼尔斯·沃林、比约恩·麦克尔和史蒂芬·布朗编的《音乐起源》（2000）中一篇关于鸟类歌唱文章的引文却说：“歌曲有两大主要功能：打击竞争对手和吸引配偶。”这只是该书主要的参考文献中提到的，书中26篇文章竟然没有一篇推测过鸟鸣和它所处的环境音景里复杂的声音关系。这种开创性的联系不仅对我们理解鸟鸣，更对理解所有动物叫声以及对人类旋律和音乐起源的影响有着重要的意义。

244

第二章 来自陆地的声音

在许多古老的关于水和声音的神话里，一个我钟爱的民间故事来自卡维斯克（Kawésquar）部落，那里只有不到20人说卡维斯克语，生活在惠灵顿岛。

有一个关于一名年轻人的故事。一天，年轻人的爸爸出门去狩猎海狸鼠（一种大型的啮齿目动物）和鸟，他也出门寻找海狸鼠并杀死了它。他杀死海狸鼠的时候，他的父母都不在场。

后来疾风劲吹，乌云密布，瞬间大雨倾盆，淹没了整个地面。

年轻人拼命向山顶跑去，侥幸活了下来。洪水总是来去匆匆，谁说不是呢？

洪水消退，年轻人意识到是时候该下山了。结果发现他的父母兄弟都被洪水淹死了，尸体吊在一棵树上。

245

随后他发现除他之外其他人也都被淹死了。鲸鱼、海豚和其他动物的尸体散落在树林里。于是年轻人离开了。路上，他遇到了一位女孩，两个人决定一起建造一艘船。

因为没有材料，俩人决定用草搭。俩人在那里一直待到天亮。

天凉了，这个年轻人有了一个想法：他梦到了一只海狸鼠。他说梦到了啮齿目动物，还梦到了食物，梦里头他还吃到了食物，好像是未来的情景。

在梦里正吃东西时，他醒了过来，对自己自言自语道：为什么我会梦到海狸鼠？我在梦里杀了它，还吃了它。但是如果我没有火，我是怎么吃的呢？

然后他又睡着了，不久又醒了过来。他叫醒了那个女孩，这个女孩已经成了他的妻子。他对妻子说："听着，你去找一根大木棍来，我梦到一只海狸鼠要来。你去找一根木棍把它杀了，这样我们就有食物了。"

他又睡着了。他之前梦到的所有事情都成为了现实。地球上又充满了动物、动物们的歌声和各种生物。

第三章　井井有条的生命之声

在声学成像领域，我有幸成为已故托马斯·保尔特博士的短期实习生。20世纪60年代后期他在加州斯坦福研究院设计了海狮回声测距实验。在一次实验中，他放置了大小不同的两种光盘，用木头、塑料和/或者金属制成，在约23米远的地方借助回声定位法测试，测试动物们是否可以区分彼此。结果证明大多数情况下动物们都可以，并且区分得非常准确。

246 关于皮坚加加拉土著和声波定位，1989年在澳大利亚东北丹特里热带雨林北部河边录音时，我认识了当时农业可持续发展领域的生态学家西蒙·菲耶尔。在河边树林的宿舍里吃过晚饭后，他回顾了他对一个澳大利亚中部游牧土著部落皮坚加加拉人的一些体验：

比如，一个部落成员会经常用声音向他人描述一个遥远的会面地点，提醒大家。对于我们来说平坦、干燥、毫无特色的风景，却被他们描述得绘声绘色，而我们却很难发现两者的不同。部分澳大利亚地区到处都是这样的开放空间。对皮坚加加拉人来说，并不是因为那里有明显的地质特征，而是当地一些小的动植物的组合声学效果给他们提供了独特的向导。作为他们全信息图的一部分，声音是其中最重要的特征之一，好像在他们的头脑中展现一样，对他们来说，声音就是立体的世界地图。

因为皮坚加加拉人或者独行或者搭伴从半干旱地区走到干旱地区，所以他们能够辨认出他们穿越的生物群落（不同的栖息地里）动物的种类。他们还学会了句法、音色、频率，动物的发声时长都已经能够反映它们栖息地微妙的地理和气候变化。当他们在沙漠里行走时，这些不同的声音就是他们在栖息地里的灯塔。（来自于菲耶尔的描述，录音部分来自作者于1996年的专辑《省略的艺术》中的《野生世界笔记》）

247 亚马孙平原的雨声器是典型的长约1米、直径约10厘米的镂空竹筒。沿轴的长度钻孔，不管是用荆棘或金属尖头插入孔中，都能在圆柱内部突出出来。将种子或玻璃珠塞到轴内部，管子两头被封口。当雨声器转动、摇摆或者任意一端升高时，种子就会击打尖头，产生的音效好像雨声。

第四章　生物声：原乐团

20 世纪 80 年代早期在肯尼亚第一次录音时，我还坚持基于物种特异性模型的个体动物录音是更为相关联的。我的任务得到了来自加利福尼亚州科学院鸟类和哺乳动物科学部的支持，我也因此与该部门结下了不解之缘。在一个更广阔、更客观的范围内录音并不是一件简单可行的事情，原因在于：一是几乎找不到支持或者先例，不能要求别人深入挖掘他们的体验；二是在一个非常受控制的内部环境（比如传统的录音棚）之外录制立体声的设备并不容易找到，而用现有技术是成功的关键。风和湿度是最大的障碍。

第一次听到蹄兔的声音，我被吓得胆战心惊。它那锯齿一样的声音在我疲惫大脑中的反应如某种警告的咆哮。而其实它是一种十分友好、可爱、毛茸茸的小猫大小的动物。从解剖学和基因上来看，它是大象的近亲。

夜晚时分，肯尼亚音景开始显现，我所听到的那些挥之不去的疑虑渐渐消失。在后来打印出的谱图图像的支持下，音景表现出足够多的细节，可以推断出青蛙和昆虫的合唱占据了不同频率的生态位。当鸟类和哺乳动物们发出鸣叫时，它们那富有特色的表达整齐地嵌在没有被昆虫占据的自由位。其他的自由位被蝙蝠、蹄兔填满，而远处的土狼和大象仍然能够找到自己的生态位。

248

肯·诺里斯是加州大学圣克鲁兹分校环境研究部主任，因发现海豚和齿鲸回声定位的机制而名声大噪。他曾经是生态位假说的唯一支持者。其他生物学家比如路易斯·巴普蒂斯塔、艾德华·威尔森和一些起初怀疑的昆虫学家最终开始接受声学分区以及它在生物声学领域所扮演的角色。

其他大型猿类包括猩猩、倭黑猩猩和黑猩猩。

音景生态学的领域是如此之新，与动物如何划分声音的主题相关的观察几乎还没有被关注或发表过相关文章。

从我的录音和我在那些变化最小的古老栖息地现场，我发现那里的谱图展示了清晰的分割模式，它比那些受损的或者次生长的生物群落里的谱图更清晰，受损的或者次生长的生物群落的模式趋向熵。因此，我猜测：信号相互协调发展，以此容纳每个生物独特的声音特点。

第五章 第一音符

密歇根大学音乐学院罗丝·李·芬尼是我在20世纪50年代中期申请音乐学院时的学院主管，我面试时罗丝·李·芬尼说吉他不算一种乐器。其他一些音乐学院（尤其是茱莉亚音乐学院和伊斯曼音乐学院）也同样不认同吉他。那时候，美国音乐学院并不接受吉他作为一种正规乐器。

1963年5月初，织工乐队重聚卡耐基音乐大厅举办专场演唱会，包括皮特·西格、荣尼·吉尔伯特、李·海斯、弗雷德·海勒曼、埃里克·达林、弗兰克·汉密尔顿和我。导演斯派克·李的父亲比尔·李表演了贝司。 249

明尼苏达州的音景录音师，博物学家科特·奥尔森曾经告诉我“海狸的水坝遭遇”细节，并提供了录音。他同意我使用的权利。

那段乔·塞尔文的对话来自2011年1月23日，得到使用许可。

在一场“乐团”场景中——几乎遵循了一条进化路线——昆虫们建立了基础。扇动翅膀的频率和尖锐声音的频率基本上都被特定的物种占了。适应外在力量的结果是它们会微妙地改变，比如温度、阳光和天气。一旦这些位置被音频频谱的合奏接受时，两栖动物、爬行动物就会闯入占领没有声音的生态位。接着鸟类加入合唱，然后是哺乳动物。最终每一个声音都会找到一个开放渠道或者时间表演。如果非人类动物依靠声音生存，它们每一个都需要一个生态位，这样就可以毫无障碍地听到每一个声音了。

Oka Amerikee也是2010年的一部电影，基于路易斯·萨尔诺的生活改编，拉维尼娅·柯利尔导演。

第六章　因人而异的叫声

佛罗伦萨修士吉罗拉莫·萨沃纳罗拉（于1498年被最终处死）试图禁止他认为道德败坏的所有艺术形式。

250　楚纳·麦金太尔的录音来自《越过苔原》，http://wildstore.wildsanctuary.com/collections/native-voices/products/drums-across-the-tundra。

当我们定义对自然界的秩序感时，把整体解构成部分是符合逻辑的，与更全面的自然现实形成鲜明的对比。因此，合理的延伸变成了“它”（自然）和我们。

在一个给定的空间，通过3到150多个扬声器重播时，AmbiSonic声场效果最佳。这是为数不多的能真正提供三维立体空间幻觉的再现系统之一。

第七章　噪音迷雾

“可控声音”这个想法一直到现在都是有争议的，原因在于每个人、每个音乐家和每个研究者都对音乐的构成有不同的想法。

钢琴键盘旁的一个小孩子可能会任意选择和击打任何键，因此控制了一个声音（振幅和间距），但是未必有一定的结构，所选的键也未必是有意而为。

声音尤其是在一个密闭的空间里出现时，从源头产生的空气分子兴奋起来，会轻微地使环境变暖。

汽车或者摩托车改造是为了提高性能，去除催化转化器和消音器，因此噪音大增。

除了“声音碎片”，还有很多描述噪音的词汇。没有任何一个单一的定义能更胜一筹，每一个都代表了同一个现象，包括“声音垃圾”“不需要的声音”“无用的声音信息”。

郑伟民的引用来自2011年2月3日的私人书信，经授权使用。

甚至在我们的娱乐活动中，象征着繁荣和自由的美国梦所强调的强大物质世界或许就是我们噪音问题的核心。作为一个国家，我国历史上一直热衷于那些能激发我们力量的机器。 251

世界卫生组织一篇名为《环境噪音的疾病负担》的报道提出一项参考标准：年平均夜间暴露于外界噪音不应超过40dB。妻子和我扔掉20年的冰箱之前，在距冰箱不到1米的地方噪音水平达到55dBA。

第八章　噪音和生物声／油和水

1984年初春，我第一次去莫诺湖。据我所知没有人试验过发声物种的一半身体淹没在海洋环境中时声音的效果。为了实现这一点，我们不得同时在两种媒介水和空气中录音。我们很快录到了鳄鱼和河马的声音。由于传播媒介的不同，那些声音彼此之间各不相同。

至于动物从人类干预中的恢复情况取决于其影响。猛禽（比如斯文森的鹰）被干扰时，就会放弃巢穴，永远不会返回到同一个地点；而其他的物种则不会，它们已经学会了哪怕在人口最稠密的城市地区也能茁壮成长。即使妻子和我住在相对安静的乡村，周围还是很吵，吵到根本不能录制自然声音。2400米远的高速公路传来的噪音、每天连续不断飞过头顶的私人飞机和商业飞机以及人类的出现都不能阻止一对家朱雀在门外上方几十厘米的椽上筑巢。春来秋去，它们孕育了几代子孙。

生物声学研究相对缓慢的节奏很大程度受四个因素的影响：传统学院派对此不感兴趣，他们仍然喜爱传统模型；缺乏足够资金去购买进行此项研究和评价大量数据的技术或者软件；缺乏受过训练的专业人士；还缺乏深入探讨自然声学环境的集体文化意志。随着密歇根州立大学项目带来的新研究表明气候一直在变化，类似的还有普渡大学由布莱恩·佩詹诺夫斯基发起的调查项目。 252

录音选择的时间受我们的技术和资金水平的限制：如果我们以最佳质量录

制的话，最早期便携式立体声记录器一个18厘米的磁盘可以录制大概22分钟。每一个磁盘重量大概是450克，并且价值不菲。每四个小时的录音，我们需要1.4千克的磁带和一个全新电池，总共花费大约40美元。当安上12块D号电池提供所需电量时，磁带机器本身重量是11千克。单个仪器本身（大概能提供仅仅8小时录音时间）最轻大约也有23千克。最近，超轻款的户外背包、设备等共重约9千克，这样我们带着衣服、食物、水、睡袋、一个帐篷和录音设备就能够徒步到录制现场，并有足够的技术和电量能够让我们舒舒服服地录音一个多星期。

沿着肯·巴尔科姆作品的同样线路，人类对海洋影响来自美国自然资源保护协会2008年10月6日的报告《致命的声音》，http://www.nrdc.org /wildlife/marine/sonar.asp。

阿里森·班克斯和克瑞斯·加布里埃尔的信息来自2010年6月29日的私人信件，经授权使用。

253 为了建立“有效的聆听区域”，研究模型需要考虑大量的因素。比如，单引擎或者双引擎的私人固定翼飞机、不同种类的直升机、摩托车等声音信号，因为它们受一系列环境条件的影响。每一个信号不仅对野生生物有不同影响，而且会给人们带来不一样的体验效果。

关于国家公园管理局“自然音景项目”最初范围的全文声明见2000年国家公园管理局网站 http://www.nps.gov/policy/DOrders/DOrder47.html。

我从科罗拉多州柯林斯堡国家公园管理局得到一份堂·杨和理查德·庞波2003年11月21日写给内政部部长盖尔·诺顿的信件的复件。一定程度上，杨和参议员泰德·史蒂文斯曾经用纳税人的钱资助修建一座价值4亿美元的桥，而它只能连接一个只有50个居民的小社区，这个项目居然通过国会拨款获得了资助。这座桥就是著名的“不通往任何地方之桥”。

杨和庞波信件接下来的内容给人一种关于噪音管制的敌意，即使在我们受保护的区域内。立法委员试图暗中破坏这个在20世纪90年代末和21世纪初实施的项目，他们首先针对音景这个术语的使用，随后又担心人类噪音对动物行为或者游客产生影响，以此表达他们对噪音控制实施的担忧。这封信根本没有提到把音景监测和游客活动模型并入到国家公园管理局项目中所付出的重要努力，更像是明目张胆地阻止下一步音景活动的发展。杨和庞波还声称，自然音景从来没有被充分地描述过。不管怎样，自然音景都是"激进"的观点（政治意义上的）。最后，文中提出自然音景（如果那时还有如此现象的话）是如何被人类噪音影响的；大众是否也应该受邀请参与到噪音、项目、公园理想（他们确实有）的评价；项目管理者是否真的相信游客会被头顶飞过的飞机噪音影响。

第九章　希望的尾声

如果同一个地点有受人类活动影响之前和之后的声谱，那么展现音景是如何演化的可能会更有说服力。但是生物声学和音景分析仅仅有三十年的历史，我们没有在同一个地点收集足够多数据作真正的对比。但是就我们现存的对比数据看，我们可以预测未来将产生与第三章加州林肯牧场相似的后果。

直到最近，对聆听和录制自然音景重要性的忽视意味着生物声信息数据的巨大损失。如果有了这些数据，会对资源管理，全面理解每个声音在整个声音组合中所扮演的复杂角色，全球变暖对密度和多样性的生物声学知识的影响，了解音景是如何影响我们的精神、身体、文化生活等都很有帮助。

关于北极国家野生动物保护区音景的更多信息可参阅 http://wildstore.wildsanctuary.com/products/ voice-of-the-arctic-refuge。

参考文献

图书

Abram, David. *The Spell of the Sensuous.* New York: Pantheon, 1996.

Bateson, Gregory. *Mind and Nature.* New York: Hampton Press, 2002.

Beaver, Paul, and Bernie Krause. *The Nonesuch Guide to Electronic Music.* New York: Nonesuch Records, 1967.

Bell, Paul et al. *Environmental Psychology.* 5th ed. London: Psychology Press, 2005.

Berendt, Joachim-Ernst. *The Third Ear.* New York: Henry Holt, 1988.

Bible. 1 Kings 5:15; Romans 8:7.

Bierce, Ambrose. *The Devil's Dictionary.* Mineola, NY: Dover Publications, 1958.

Carr, Nicholas. *The Shallows: What the Internet Is Doing to Our Brains.* New York: W. W. Norton, 2010.

Cokinos, Christopher. *Hope Is the Thing with Feathers: A Personal Chronicle of Vanished Birds.* New York: Warner Books, 2000.

Dowie, Mark. *Conservation Refugees: The Hundred-Year Conflict Between Global Conservation and Native Peoples.* Cambridge, MA: MIT Press, 2009.

Eiseley, Loren. *The Unexpected Universe.* Boston: Harcourt Brace, 1969.

Glavin, Terry. *The Sixth Extinction: Journeys Among the Lost and Left Behind.* New York: Thomas Dunne Books, 2007.

Keizer, Garret. *The Unwanted Sound of Everything We Want: A Book About Noise.* New York: PublicAffairs, 2010.

Krause, Bernie. *Wild Soundscapes: Discovering the Voice of the Natural World.* Berkeley, CA: Wilderness Press, 2002.

Langone, Michael D. *Recovery from Cults: Help for Victims of Psychological and Spiritual Abuse.* New York: W. W. Norton, 1995.

Leopold, Aldo. *A Sand County Almanac.* 1949. Reprint, New York: Oxford University Press, 2001.

Louv, Richard. *Last Child in the Woods.* Chapel Hill, NC: Algonquin Books of Chapel Hill, 2008.

Mathieu, W. A. *The Listening Book.* Boston: Shambhala Publications, 1991.

McKibben, Bill. *The Age of Missing Information.* New York: Random House, 2006.

Mithen, Steven. *The Singing Neanderthals.* Cambridge, MA: Harvard University Press, 2006.

Muir, John. *The Mountains of California.* 1894. Reprint, Whitefish, MT: Kessinger Publishing, 2010.

Perlin, John. *A Forest Journey: The Role of Wood in the Development of Civilization.* Cambridge, MA: Harvard University Press, 1991.

Piaget, Jean. *The Language and Thought of the Child.* London: Kegan Paul, Trench, Trübner, 1926.

Pinker, Steven. *How the Mind Works.* New York: W. W. Norton, 1997.

———. *The Language Instinct.* New York: William Morrow, 1994.

Proust, Marcel. *Swann's Way.* New York: Penguin, 2004.

Robbins, Martha M., Pascale Sicotte, and Kelly J. Stewart. *Mountain Gorillas: Three Decades of Research at Karisoke.* Cambridge, U.K.: Cambridge University Press, 2001.

Sacks, Oliver. *Musicophilia.* New York: Vintage Books, 2008.

Sarno, Louis. *Bayaka: The Extraordinary Music of the Babenzélé Pygmies.* Roslyn, NY: Ellipsis Arts, 1996.

Schafer, R. Murray. *Tuning of the World.* 1st edition. McClelland & Stewart, 1979.

Shepard, Paul. *The Others: How Animals Made Us Human.* Washington, DC: Island Press, 1996.

Small, Christopher. *Musicking.* Hanover, NH: Wesleyan University Press, 1998.

Thompson, Emily. *The Soundscape of Modernity: Architectural Acoustics and the Culture of Listening in America, 1900–1933.* Cambridge, MA: MIT Press, 2002.

Truax, Barry, ed. *Handbook for Acoustic Ecology,* series ed. R. Murray Schafer. Vancouver: ARC Publications, 1978.

van Gulik, Robert. *The Gibbon in China: An Essay in Chinese Animal Lore.* Leiden, Netherlands: E. J. Brill, 1967.

Wallin, Nils, Björn Merker, and Steven Brown, eds. *The Origins of Music.* Cambridge, MA: MIT Press, 2001.

Wallon, Henri. *De l'Acte à la Pensée.* Paris: Flammarion, 1942.

Weisman, Alan. *The World Without Us.* New York: Thomas Dunne Books, 2007.

Williams, Terry Tempest. *Finding Beauty in a Broken World.* New York: Pantheon Books, 2008.

Wilson, Edward O. *The Future of Life.* New York: Alfred A. Knopf, 2005.

期刊

Andrews, Mark A. W. "How Does Background Noise Affect Our Concentration?" *Scientific American,* January 4, 2010.

Balcomb, Kenneth. "Letter to J. S. Johnson, SURTASS LFA Sonar OEIS/EIS Program Manager," February 23, 2001. Published with permission.

Barber, Jesse R., Kevin R. Crooks, and Kurt M. Fristrup. "Animal Listening Area and Alerting Distance Reduced Substantially By Moderate Human Noise." *Trends In Ecology and Evolution* (forthcoming).

———. "The Costs of Chronic Noise Exposure for Terrestrial Organisms." *Trends in Ecology and Evolution* 25, no. 3 (2009).

Beal, Timothy. "In the Beginning(s): Appreciating the Complexity of the Bible." *Huffington Post*, February 15, 2011.

Benzon, William L. "Synch, Song, and Society." *Human Nature Review* 5 (2005).

Burros, Marian. "De Gustibus; Restaurant Noise: Does It Spoil a Good Meal?" *New York Times,* October 29, 1983.

Conard, Nicholas J., Maria Malina, and Susanne C. Münzel. "New Flutes Document the Earliest Musical Tradition in Southwestern Germany." *Nature,* June 26, 2009. doi:10.1038/nature08169.

Creel, Scott et al. "Snowmobile Activity and Glucocorticoid Stress Responses in Wild Wolves and Elk." *Conservation Biology,* 2002.

Crocker, Malcolm J., ed. "Surface Transportation Noise." *Encyclopedia of Acoustics,* 1997.

Dickinson, Tim. "The 10 Worst Congressmen." *Rolling Stone,* October 17, 2006.

Foote, Andrew D. et al. "Killer Whales Are Capable of Vocal Learning." *Biology Letters.* doi:10.1098/rebl.2006.0525, http:// www.orcanetwork.org/nathist/vocallearnbiolett.pdf.

Frere-Jones, Sasha. "Noise Control." *The New Yorker,* May 24, 2010.

Fritschi, Lin et al. "Burden of Disease from Environmental Noise: Quantification of Healthy Life Years Lost in Europe." World Health Organization publication, March 2011.

Gabriele, Christine M., and Tracy E. Hart. "Population Characteristics of Humpback Whales in Glacier Bay and Adjacent Waters: 2000." National Park Service report.

Gage, Stuart, and Bernie Krause. "Testing Biophony as an Indicator of Habitat Fitness and Dynamics." National Park Service report, February 2002.

Graham, Sarah. "Satellites Spy Changes to Earth's Magnetic Field." *Scientific American,* April 11, 2002, http://www.scientificamerican.com/article.cfm?id=satellites-spy-changes-to.

Hinerfeld, Daniel, and Andrew Wetzler. "Federal Court Restricts Global Deployment of Navy Sonar." Media Center, NRDC, August 26, 2003, http://www.nrdc.org/media/pressreleases/ 030826.asp.

Intagliata, Christopher. "Restaurant Noise Can Alter Food Taste." *Scientific American,* October 18, 2010.

Ising, H., and B. Kruppa. "Health Effects Caused by Noise: Evidence in the Literature from the Past 25 Years." *Noise and Health,* 2004.

Jones, Douglas, and Rama Ratnam. "Blind Location and Separation of Callers in a Natural Chorus Using a Microphone Array." *Journal of the Acoustical Society of America* 126, no. 2 (August 2009).

Jurasz, Charles M., and V. P. Palmer. "Distribution and Characteristic Responses of Humpback Whales *(Megaptera novaeangliae)* in Glacier Bay National Monument, Alaska, 1973–1979." National Park Service report, Anchorage, Alaska.

Keim, Brandon. "Baby Got Beat: Music May Be Inborn." Wired.com, January 26, 2009, http://www.wired.com/wiredscience/ 2009/01/ babybeats.

Kjellberg, Anders, Per Muhr, and Björn Sköldström. "Fatigue After Work in Noise— An Epidemiological Survey and Three Quasiexperimental Field Studies." *Noise and Health* 1, no. 1 (1998).

Klatte, Maria, Thomas Lachmann, and Markus Meis. "Effects of Noise and Reverberation on Speech Perception and Listening Comprehension of Children and Adults in a Classroom-like Setting." *Noise and Health* 12, no. 49 (2010).

Krause, Bernie. "Bioacoustics, Habitat Ambience in Ecological Balance." *Whole Earth Review,* winter 1987.

———. "Loss of Natural Soundscape: Global Implications of Its Effect on Humans and Other Creatures." Speech presented before San Francisco World Affairs Council and NPR, January 31, 2000.

Mâche, François-Bernard. "The Necessity of and Problems with a Universal Musicology." *The Origins of Music,* ed. Nils L. Wallin et al. Cambridge, MA: MIT Press, 2000.

Marean, Curtis W. et al. "Early Human Use of Marine Resources and Pigment in South Africa During the Middle Pleistocene." *Nature* 449,

October 18, 2007.

Marler, Peter. “Animal Communication Signals.” *Science* 157, no. 3790 (August 1967).

———. “Origins of Music and Speech: Insights from Animals.” *The Origins of Music,* ed. Nils L. Wallin et al. Cambridge, MA: MIT Press, 2000.

McLean, Sheela. “Work of Pioneering Whale Researcher Provides Longest Record on Humpbacks.” NOAA newsletter, May 14, 2007.

Merker, Björn H., Guy S. Madison, and Patricia Eckerdal. “On the Role and Origin of Isochrony in Human Rhythmic Entrainment.” Elsevier, Science Direct, www.sciencedirect.com.

Mitani, John, and Peter Marler. “A Phonological Analysis of Male Gibbon Singing Behaviour.” *Behaviour,* 1989.

Motavalli, Jim. “Hybrid Cars May Include Fake Vroom for Safety.” *New York Times,* October 14, 2009.

Napoletano, Brian. “Biophysical and Politico-Economic Determinants of Biodiversity Trends.” PhD diss., Purdue University, 2011 (forthcoming).

Patel, Aniruddh D. et al. “Experimental Evidence for Synchronization to a Musical Beat in a Non-Human Animal.” *Current Biology* 19 (May 26, 2009).

Philipp, Robin. “Aesthetic Quality of the Built and Natural Environment: Why Does It Matter?” *Green Cities: Blue Cities of Europe,* eds. Walter Pasini and Franco Rusticali. Rimini, Italy: WHO Collaborating Centre for Tourist Health and Travel Medicine, 2001.

Raloff, Janet. “Noise and Stress in Humans.” *Science News* 121 (June 5, 1982).

Richtel, Matt. “Hooked on Gadgets, and Paying a Mental Price.” *New York Times,* June 6, 2010.

Rideout, Victoria J., Ulla G. Foehr, and Donald F. Roberts. "Generation M^2: Media in the Lives of 8- to 18-Year-Olds." January 2010, http://www.kff.org/entmedia/upload/8010.pdf.

Ritters, Kurt H., and James D. Wickham. "How Far to the Nearest Road?" *Frontiers in Ecology and the Environment* 1 (2003).

Sietsema, Tom. "No Appetite for Noise." *Washington Post Magazine,* April 5, 2008.

Slabbekoorn, Hans. "A Noisy Spring: The Impact of Globally Rising Underwater Sound Levels on Fish." *Trends in Ecology and Evolution,* 2010 (forthcoming).

Suter, Alice H. "Noise and Its Effects." Administrative Conference of the United States, November 1991, http://www.nonoise.org/library/suter/suter.htm. Accessed October 10, 2006.

ter Hofstede, Hannah M., and Holger Goerlitz. "*Barbastella barbastellus:* 'Whispering' bat Echolocation Tricks Moths." *Science Codex,* August 19, 2010, http://www.sciencecodex.com/ barbastella_barbastellus_whispering_bat_echolocation_ tricks_moths.

United Nations Environment Programme (UNEP). " 'Garden of Eden' in Southern Iraq Likely to Disappear Completely in Five Years Unless Urgent Action Taken." March 22, 2003, http://www.grid.unep.ch/activities/sustainable/tigris/2003_march.php.

Verzijden, Machteld N. et al. "Sounds of Male Lake Victoria Cichlids Vary Within and Between Species and Affect Female Mate Preferences." *Behavioral Ecology* 21 (2010).

White, Tim et al. "Macrovertebrate Paleontology and the Pliocene Habitat of *Ardipithecus ramidus.*" *Science* 326 (2009).

音频材料

Beaver, Paul, and Bernie Krause. *All Good Men.* Warner Brothers Records, 1973.

———. *Into a Wild Sanctuary.* Warner Brothers Records, 1970.

———. *The Nonesuch Guide to Electronic Music.* Nonesuch Records, 1968.

Dugan, Dan. Muir Woods recording.

Krause, Bernie. World soundscape collection, http://wildstore.wildsanctuary.com.

Monacchi, David. "Nightingale" excerpt, http://www.earthear.com/ecoacoustic.html.

Olson, Curt. Wounded beaver recording.

Parker, Ted III. Common potoo and musician wren recordings.

Sarno, Louis. *Bayaka: The Extraordinary Music of the Babenzélé Pygmies.* Ellipsis Arts, 1996.

Schafer, R. Murray. *Once on a Windy Night,* www.patria.org/arcana.

———."Winter Diary." Angewandte Musik [B] Musik Für Radio: Das Studio Akustische Kunst Des WDR, RCA Red Seal, Catalog # 74321 73522 2, 2001, Track 11.

Wilson, Elizabeth. *Nez Percé Stories,* Wild Sanctuary, 1991, http://wildstore.wildsanctuary.com/collections/native-voices/ products/nez-perce-stories.

主要生物声网址

British Library of Wildlife Sounds: http://www.bl.uk/reshelp/ findhelprestype/sound/wildsounds/wildlife.html

Macaulay Library (Cornell University): http://www.birds.cornell.edu/page.aspx?pid=1676
Michigan State University Envirosonics program: http://www.cevl.msu.edu/envirosonics
naturerecording@yahoogroups.com
naturerecordists@yahoogroups.com
Purdue University Department of Forestry and Natural Resources: http://www.ag.purdue.edu/fnr/Pages/default.aspx
Wild Sanctuary: http://www.wildsanctuary.com
World Forum for Acoustic Ecology: http://wfae.proscenia.net/
World Listening Project: worldlistening@yahoogroups.com

索引

（数字系原版书页码，在本书中为边码，斜体页码系原版书图表页码。）

A

B

C

D

E

F

G

H

I

J

K

L

M

N

O

P

R

S

T

U

V

W

Y

Z

图书在版编目(CIP)数据

了不起的动物乐团/(美)伯尼·克劳斯著;卢超译.—北京:商务印书馆,2019
(自然文库)
ISBN 978-7-100-16434-4

Ⅰ.①了… Ⅱ.①伯…②卢… Ⅲ.①动物—普及读物 Ⅳ.①Q95-49

中国版本图书馆CIP数据核字(2018)第172533号

自然文库
了不起的动物乐团
〔美〕伯尼·克劳斯 著
卢 超 译

商 务 印 书 馆 出 版
(北京王府井大街36号 邮政编码100710)
商 务 印 书 馆 发 行
北 京 冠 中 印 刷 厂 印 刷
ISBN 978-7-100-16434-4

2019年3月第1版 开本 787×960 1/16
2019年3月北京第1次印刷 印张 17
定价:58.00元